应用型本科机电类专业系列教材

电气工程 CAD 与绘图实例

主编 王丽君

西安电子科技大学出版社

内 容 简 介

本书针对应用型本科高校电气类专业人才培养目标和相关行业需求，参考应用型本科高校电气类专业电气工程 CAD 大纲要求，以 AutoCAD 2018 中文版为工具，介绍电气图纸绘制方法。

本书共 5 章，分为两部分内容。第一部分为第 1 章，主要介绍 AutoCAD 2018 中文版绘图基础、二维图形绘制、图形编辑、创建文字与编辑文字、尺寸标注、图形输出等内容；第二部分为第 2～5 章，主要介绍电气工程图绘图实例，包括电气控制电路图、变电工程图、变电站综合自动化工程图、输配电线路工程组件图等绘制实例。

本书既可作为电气工程与自动化专业的本科教材；也可供电力工程设计人员、电力系统在职职工岗位培训、社会培训或自学使用。

图书在版编目(CIP)数据

电气工程 CAD 与绘图实例 / 王丽君主编. —西安：西安电子科技大学出版社，2019.1(2025.1 重印)
ISBN 978-7-5606-5203-0

Ⅰ. ① 电…　Ⅱ. ① 王…　Ⅲ. ① 电工技术—计算机辅助设计—AutoCAD 软件
Ⅳ. ① TP02-39

中国版本图书馆 CIP 数据核字(2019)第 007470 号

策　　划　陈　婷
责任编辑　陈　婷
出版发行　西安电子科技大学出版社(西安市太白南路 2 号)
电　　话　(029)88202421　88201467　　邮　　编　710071
网　　址　www.xduph.com　　电子邮箱　xdupfxb001@163.com
经　　销　新华书店
印刷单位　西安日报社印务中心
版　　次　2019 年 1 月第 1 版　2025 年 1 月第 3 次印刷
开　　本　787 毫米×1092 毫米　1/16　印　张　9
字　　数　207 千字
定　　价　23.00 元
ISBN 978-7-5606-5203-0
XDUP 5505001-3

前　　言

电气工程 CAD 是电气工程技术人员必须具备的基本技能，也是应用型本科、高职高专学校电力、电气、机电类等专业的一门重要的专业基础课程。

CAD 技术日新月异，软件种类繁多。本书选择具有代表性的当前最新版本的 AutoCAD 2018 软件作为平台，向读者详细介绍了 AutoCAD 系统的操作方法以及电气工程涉及的常用电气元件的图形符号的详细绘制步骤和典型电气线路图的绘制方法。

本书在内容安排上，突出案例教学，贯穿了大量的实例，对具体实例分步骤做出说明；在表现方式上，文字说明和图表并用，图文并茂，简单直观，通俗易懂，将计算机辅助设计与典型电气工程图绘制相结合，拓宽学生的知识面。本课程实践性强，教学过程中应安排适当的上机练习时间，以巩固和熟练软件的使用和技能的训练。

本书适用于应用型本科电气工程及其自动化，供用电技术，电力、电气相关专业，同样适用电力工程设计人员、电力系统在职职工岗位培训、社会培训或自学使用。

本书由王丽君主编，并负责全书的规划、编写和统稿。王彬彬、朱甦、罗为、周月娥协助完成图稿等部分的编写工作。在编写过程中得到了南京理工大学许多老师、学生的帮助，在此一并致以衷心的感谢!

由于编者学识水平有限，书中不妥之处在所难免，敬请广大读者批评指正。

编　者

2018 年 9 月

目　录

第 1 章　AutoCAD 2018 绘图基础

世界领先的 AutoCAD 是美国 Autodesk 公司 1982 年开发的绘图程序软件，经过不断的完善，现在已经成为国际上广泛使用的绘图工具。CAD(Computer Aided Design，计算机辅助设计)，前面加上 Auto，是指通过计算机使用该软件进行相应辅助设计来自动实现捕捉对齐等操作。它省去传统纸张绘图的诸多不便，从而大幅提高绘图效率。AutoCAD 广泛应用于建筑、机械、电气、服装、轻工等领域，拥有数以百万计的用户。它的基本功能有：

(1) 提供了绘制直线、圆、多段线等基本图形的命令，用来构成复杂图形。

(2) 提供了对图形进行修改、编辑的工具，如删除、移动、旋转、复制、偏移、修剪、圆角等。

(3) 通过显示控制的缩放或平移，可以方便地查看图形的全貌或详细查看其局部细节，具有透视、投影、轴测图、着色等多种图形显示方式。

(4) 提供栅格、正交、极轴、对象捕捉和追踪等多种精确绘图辅助工具。

(5) 提供块和属性等功能。

(6) 使用图层管理器管理不同专业和类型的图线。

(7) 可对指定的图形区域进行图案填充。

(8) 提供在图形中书写、编辑文字的功能。

(9) 提供了机械、建筑、电力电子等专业常用的规定符号和标准件，可提高用户绘图效率。

(10) 可以根据所绘制的图形进行测量和标注尺寸。

(11) 创建三维几何模型，并可以对其进行修改和提取几何及物理特性。

(12) 提供了一体化的打印输出体系。

(13) 具有桌面交互式访问 Internet 的功能，并将用户的工作环境扩展到了虚拟的、动态的 Web 世界。使用设计中心、外部参照等功能可方便地实现数据共享和协同设计。

1.1　AutoCAD 2018 的基本操作

1.1.1　AutoCAD 软件的安装和启动

1. 软件的安装

将 AutoCAD 2018 的软件光盘放入电脑中，双击由 Setup 进行安装，点击安装，如

图 1-1 所示。

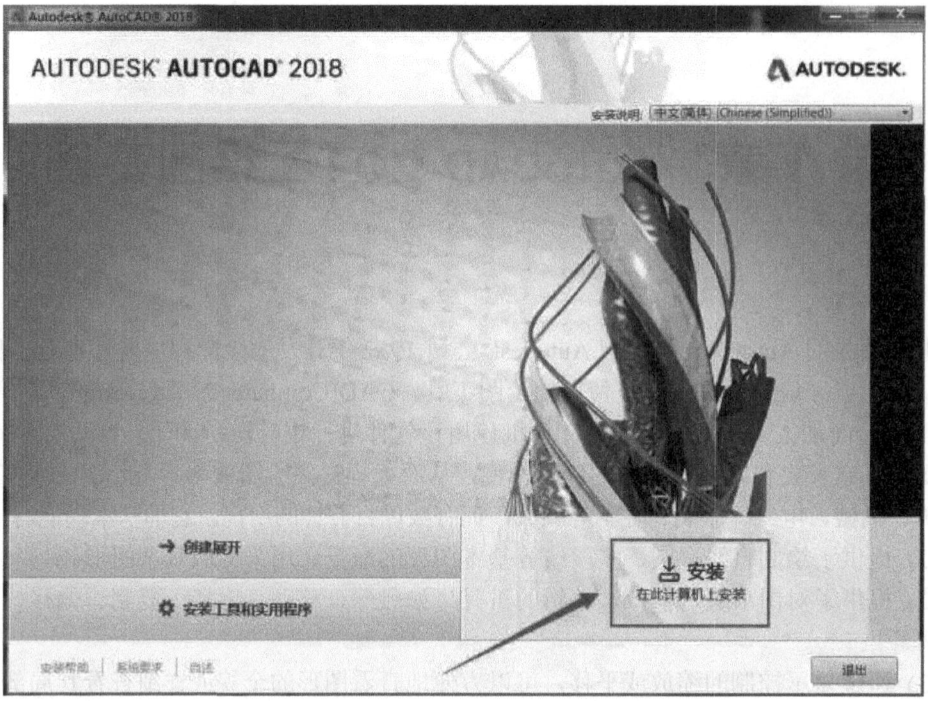

图 1-1　AutoCAD 安装界面

在图 1-2 所示的界面选择“我接受”，然后点击“下一步”。

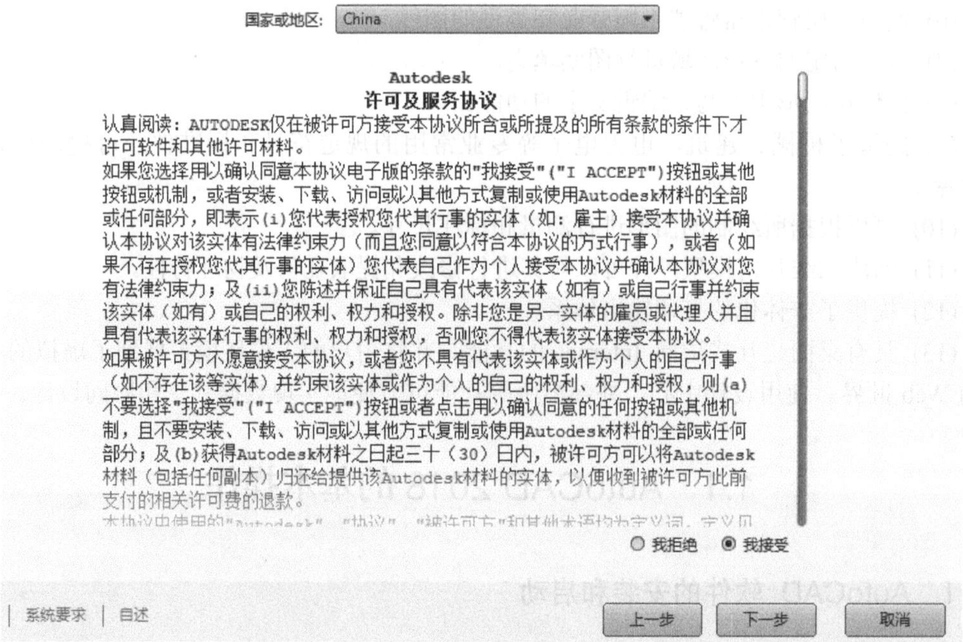

图 1-2　许可及服务协议

建议将 AutoCAD 安装到 C 盘以外的磁盘。可选择事先在 D 盘或其他盘新建的文件夹

CAD2018，然后在图 1-3 所示的界面中点击“浏览”更改软件安装路径。安装路径更改完毕后，点击“安装”(如图 1-3 所示)开始安装过程。

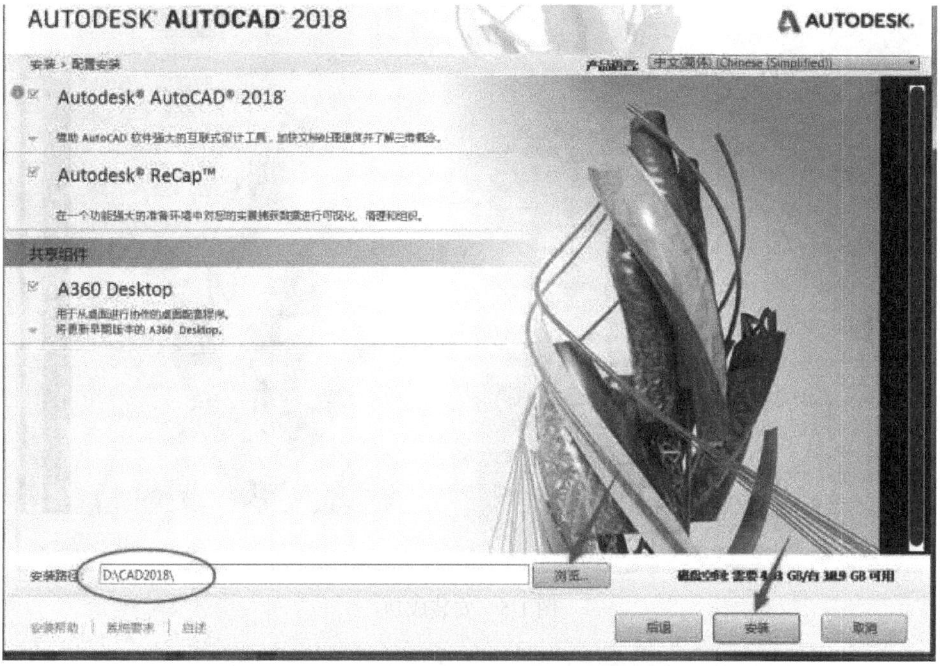

图 1-3　安装路径

安装过程可能需要 30 分钟左右，在此期间会显示如图 1-4 所示安装进度。

图 1-4　安装进度

安装成功后显示如图 1-5 所示的界面。在其中点击“完成”，并在弹出的重启系统对话框中选择“否”，即可结束安装过程，如图 1-6 所示。

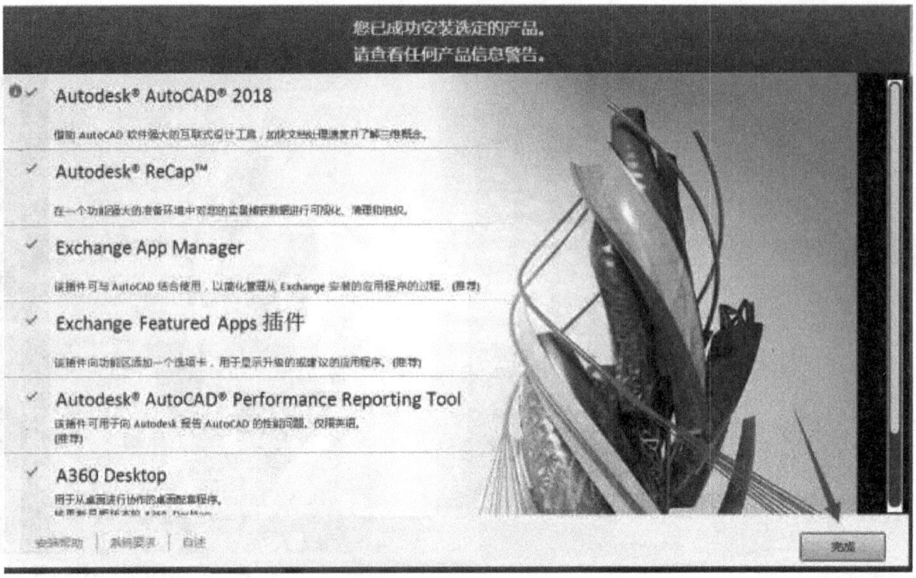

图 1-5　安装成功

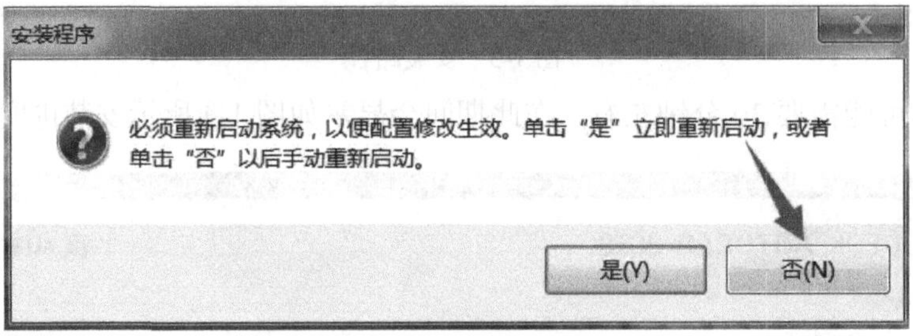

图 1-6　重新启动

双击电脑桌面上的 CAD 软件图标，选择第一项“始终将 DWG 文件与 AutoCAD 重新关联(建议)”如图 1-7 和图 1-8 所示。

图 1-7　AutoCAD 软件图标

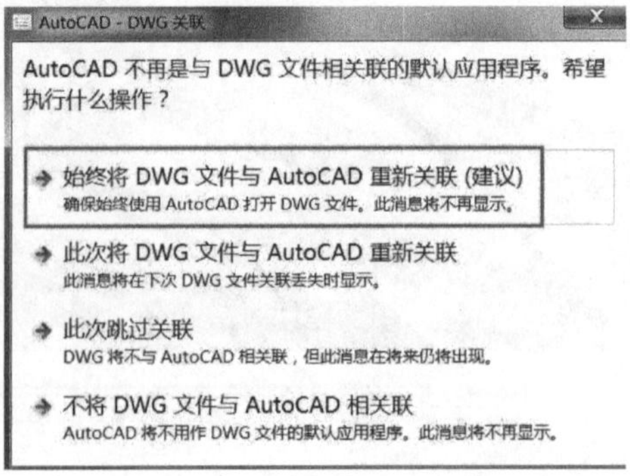

图 1-8　关联

点击“输入序列号”，如图 1-9 所示。

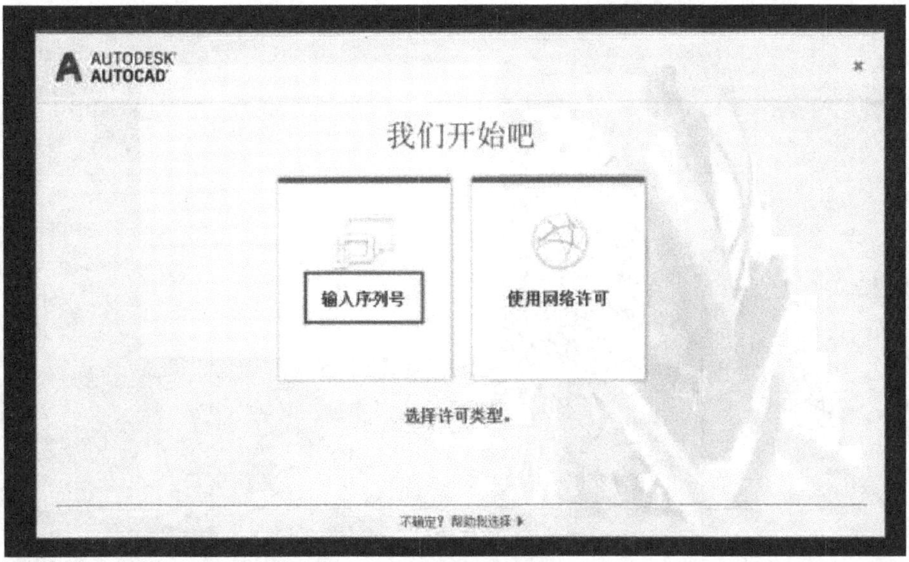

图 1-9　输入序列号

点击“激活”，如图 1-10 所示。

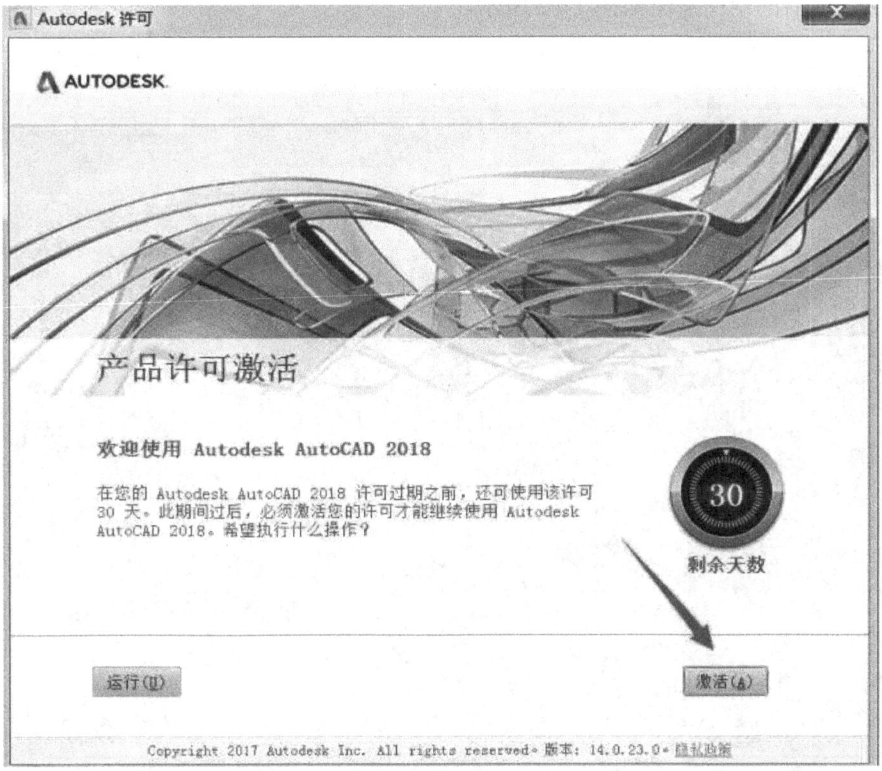

图 1-10　产品许可激活

激活完成后，点击“开始绘制”，如图 1-11 所示。

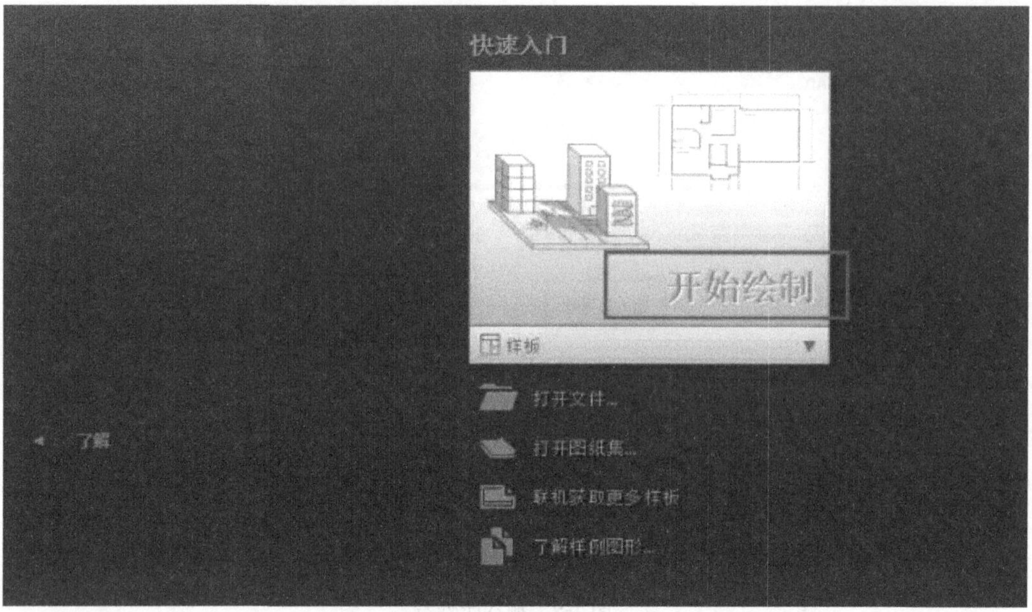

图 1-11　开始绘图

安装完成后的绘图界面如图 1-12 所示。

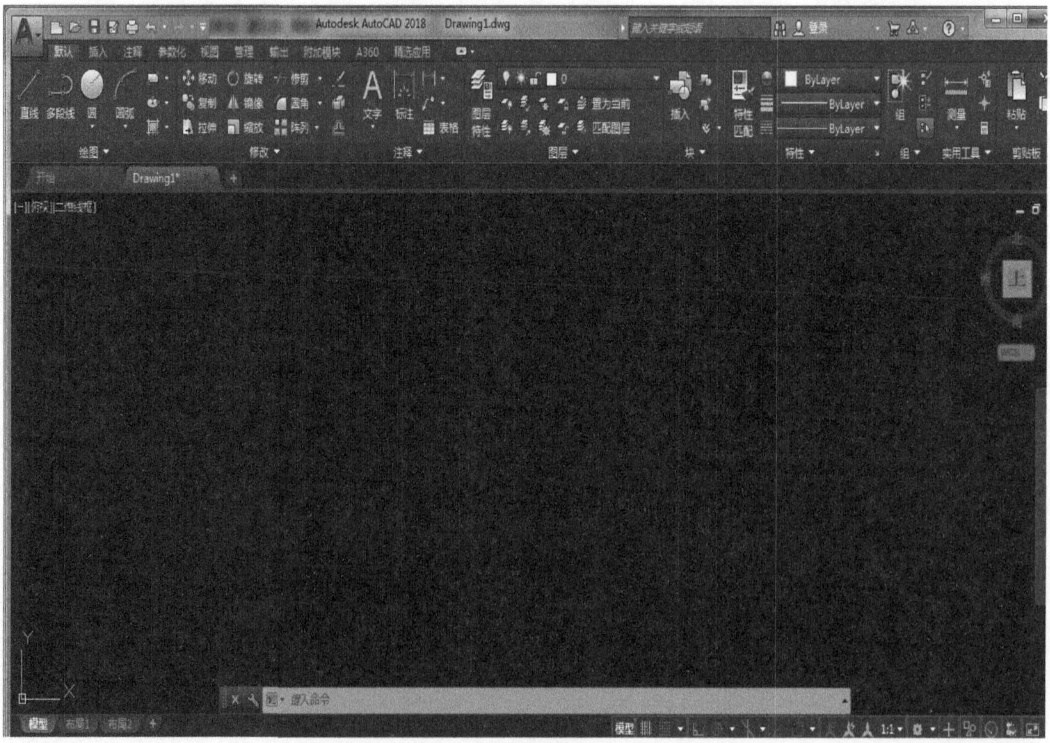

图 1-12　绘图界面

2. AutoCAD 软件的启动

成功安装 AutoCAD 2018 后单击桌面上的 A 图标启动软件，经过短暂的等待后将弹出“欢迎”界面，如图 1-13 所示。

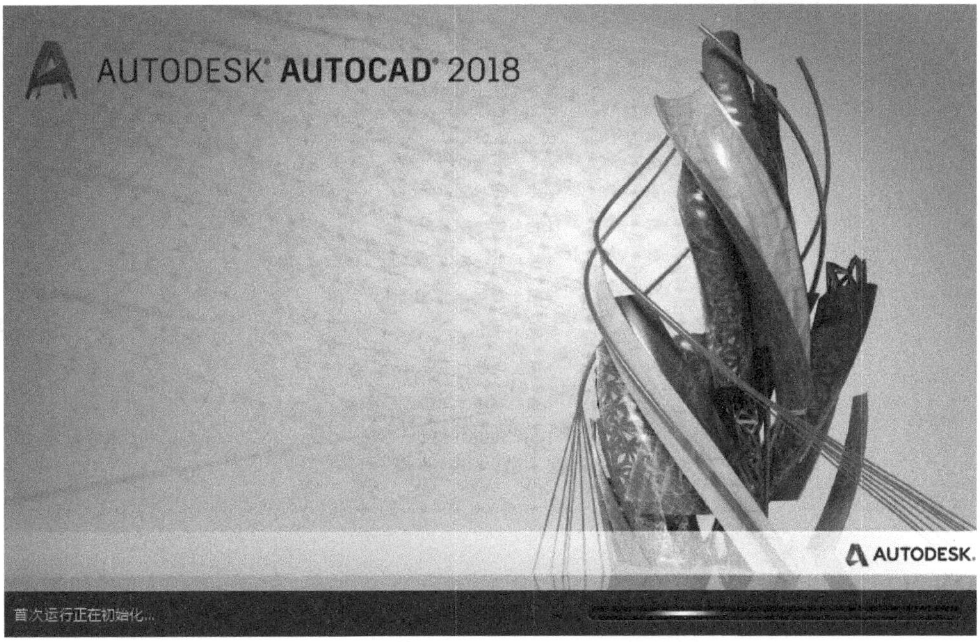

图 1-13　“欢迎”界面

1.1.2　工作界面

AutoCAD 工作界面包括标题栏、菜单栏、绘图区、命令输入窗口和状态栏等。

1. 标题栏

标题栏位于主界面的顶部，用于显示当前正在运行的 AutoCAD 2018 应用程序名单、控制菜单图标以及打开的文件名等信息。如果是 AutoCAD 2018 默认的图形文件，其名称为 Drawing1.dwg，如图 1-14 所示。

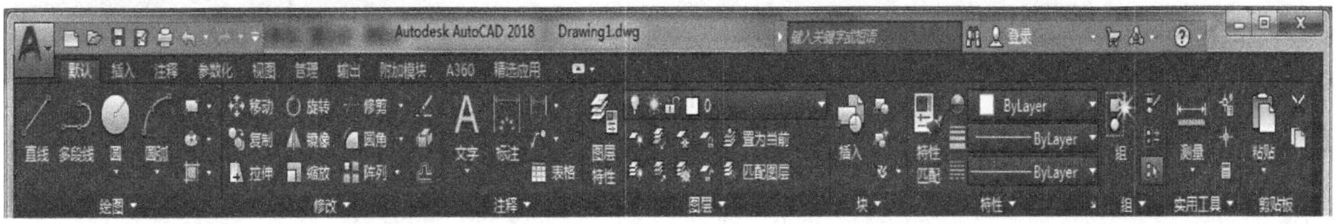

图 1-14　标题栏

2. 菜单栏

菜单栏位于标题栏的下面，绘图区域的顶部。菜单栏共有 10 个菜单项，每个主菜单下又包含数目不同的子菜单，有些子菜单还包含下一级菜单。下拉菜单中包括 AutoCAD 绝大多数命令，用户可以选择菜单中的命令进行绘图。

文件：单击 的下拉菜单，此菜单用于图形文件的编辑，如“新建”“打开”“保存”“打印”“输入”和“输出”等，如图 1-15 所示。

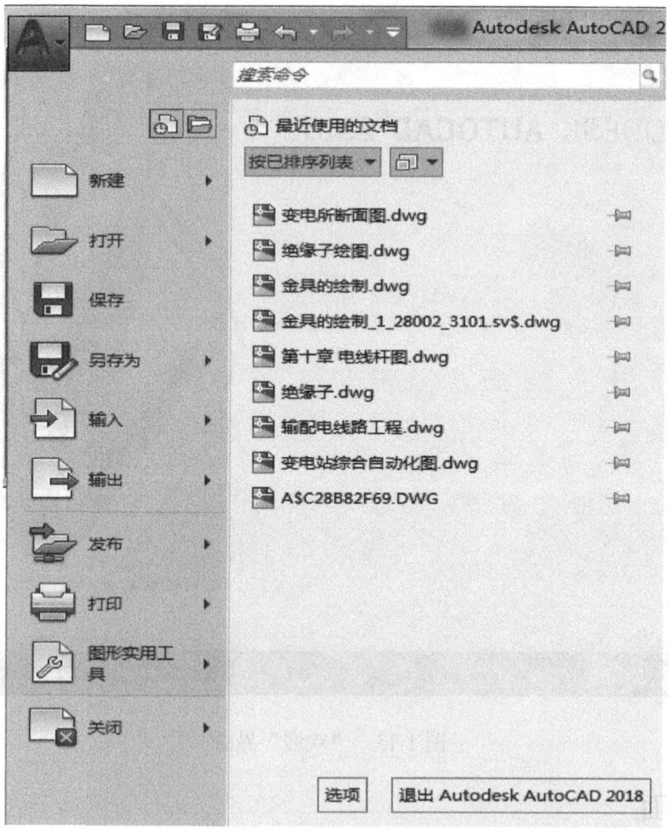

图 1-15　文件编辑

默认：基本绘图的工具包括绘图、修改、注释、图层、块等，如图 1-16 所示。

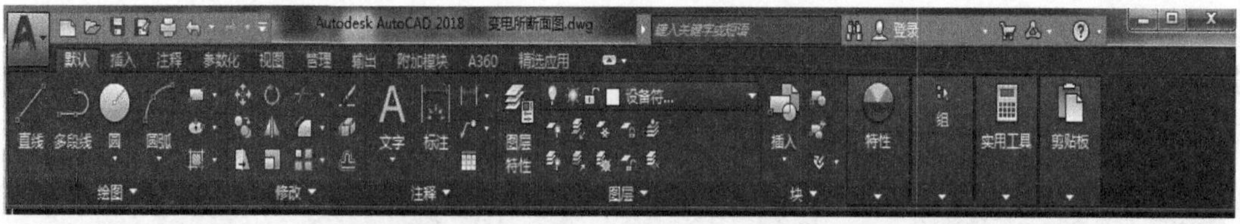

图 1-16　默认

插入：包括块、块定义、参照、点云、输入等，如图 1-17 所示。

图 1-17　插入

注释：包括文字、标注、中心线、引线等，如图 1-18 所示。

图 1-18　注释

参数化：包括几何、标注、管理等，如图 1-19 所示。

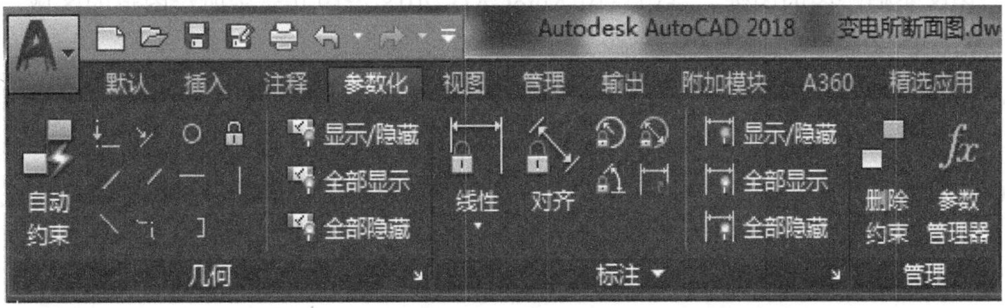

图 1-19　参数化

视图：包括视口工具、模型视口、选项板、界面等，如图 1-20 所示。

图 1-20　视图

管理：包括动作录制器、自定义设置、应用程序、CAD 标准等，如图 1-21 所示。

图 1-21　管理

输出：包括打印、输出为 DWF/PDF，如图 1-22 所示。

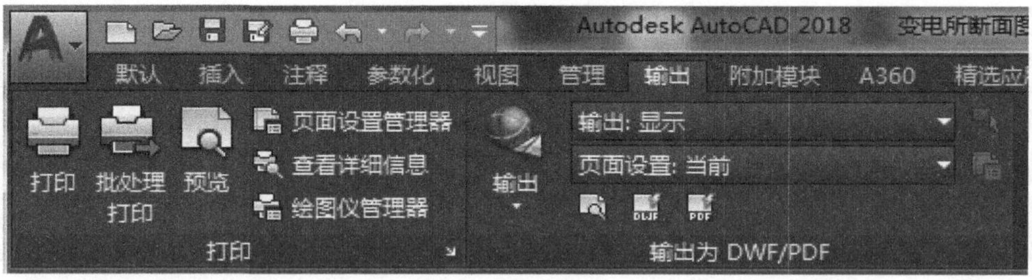

图 1-22 输出

3. 绘图区

绘图区类似绘图的图纸，是用户用 AutoCAD 2018 绘图并显示所绘图形的区域，也是屏幕中最大的区域。

4. 命令输入窗口

命令输入窗口(如图 1-23 所示)是 AutoCAD 用于显示用户键盘输入命令和显示 AutoCAD 提示信息的地方。默认 AutoCAD 在命令窗口保留最后 3 行所执行的命令或提示信息，可以通过拖动窗口边框的方式改变命令或提示信息的行数。调用命令栏文本窗口的快捷键为 F2。在执行 CAD 的命令时，命令栏能够起到提示下一步该进行如何操作的作用，用好它对于初学者而言能够起到事半功倍的效果。

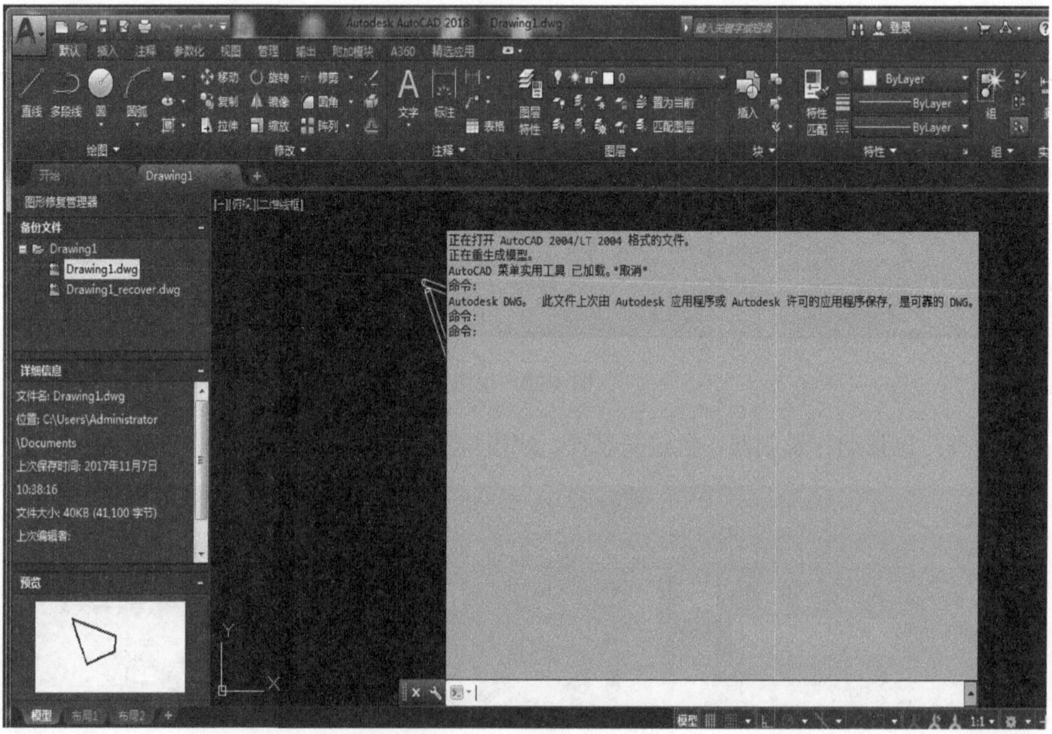

图 1-23 命令输入窗口

5. 状态栏

状态栏在主界面下方，用于显示或设置当前的绘图状态。状态栏左侧的一组数字反映当前鼠标指针的坐标，其余按钮从左到右分别表示当前是否启用了显示图形栅格、捕捉模式、正交限制光标、按指定角度限制光标、等轴测草图、显示捕捉参照线、将光标捕捉到二维参照点、显示/隐藏线宽、显示注释对象等信息，如图 1-24 所示。

图 1-24　状态栏

1.1.3　AutoCAD 的基本操作

1. 创建文件

AutoCAD 2018 创建新文件一般有以下三种方法：

(1) 在工具栏中单击“新建”按钮，系统将打开“选择样板”的对话框，如图 1-25 所示。

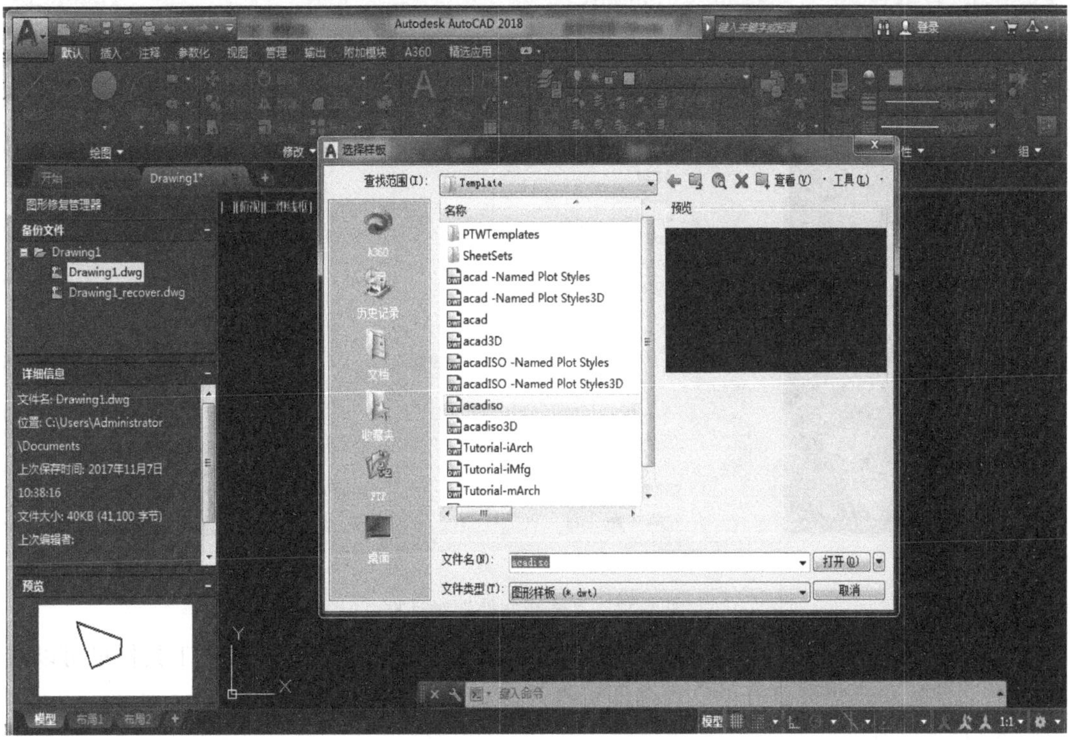

图 1-25　新建文件

(2) 在命令行中输入 QNEW，按 Enter 键或 Space 键确认，打开“选择样板”对话框。

(3) 按快捷键 Ctrl + N，打开“选择样板”对话框。在“选择样板”对话框中选中需要的图形样板文件，对话框右侧的“预览”窗口中间会出现图形样板的预览图形，单击“打开”按钮即可新建图形。

2. 打开和保存图形文件

1) 打开文件

打开文件一般有以下四种方法：

(1) 使用菜单命令：选择  下拉菜单里的“打开”命令。

(2) 使用工具栏：单击快捷工具栏中的“打开”按钮，如图 1-26 所示。

图 1-26　打开文件

(3) 使用命令行：输入 OPEN 命令，执行命令后，会弹出如图 1-27 所示的“选择文件”的对话框。

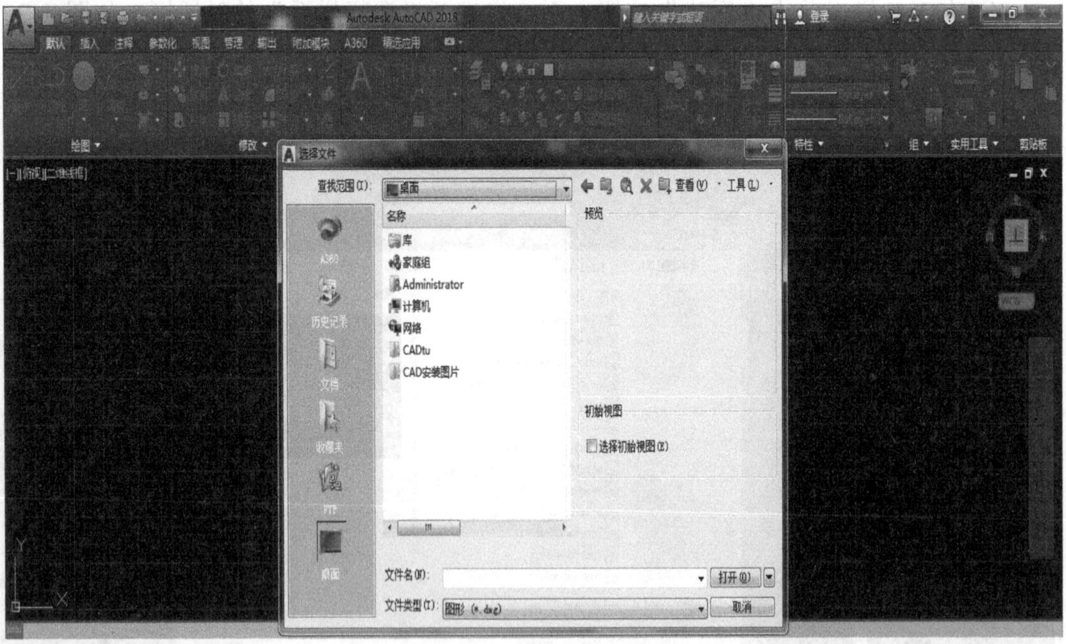

图 1-27　“选择文件”对话框

(4) 如果是最近打开过的文件，文件会被记录下来，用户在快速方框工具栏里可以看到这些文件，单击需要打开的文件名即可打开该文件。

2) 保存文件

保存文件一般有以下三种方法：

(1) 在工具栏中单击“保存”按钮，系统会弹出“图形另存为”对话框，如图 1-28 所示。在“文件名”文本框内输入文件名，在“文件类型”下选择 *.dwg 格式，单击“保存”按钮即可。

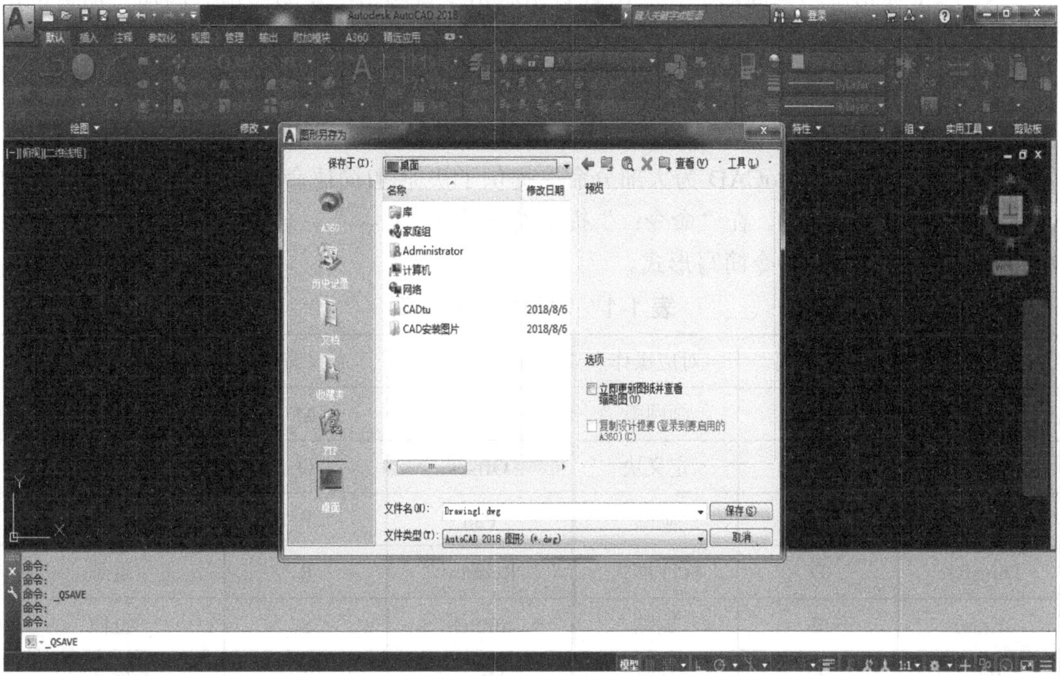

图 1-28　“图形另存为”对话框

(2) 使用组合键 Ctrl + S 保存文件。

(3) 使用命令行的方式：输入 SAVE 命令，执行命令后，会弹出“图形另存为”的对话框，下一步操作同(1)中后续步骤。

1.1.4　命令输入方式

在 AutoCAD 2018 中文版环境下绘图及修改图形都是靠调用相关命令和输入有关选项来进行的。AutoCAD 2018 中文版提供了多种执行命令的方式方便用户使用。

当命令窗口出现提示“命令：”时，表示 AutoCAD 已处于准备执行命令的状态。此时可按下列方式之一来输入命令。

1) 从键盘输入命令名称

以用键盘输入画圆命令为例的操作如下：

命令：

CIRCLE↵

指定圆的圆心或[三点(3P)/两点(2P)/相切/半径(T)]：

此时用户可选择的操作有两种：

(1) 用鼠标在屏幕上单击确定圆心，这是默认操作。指定圆心后，命令行出现提示：

指定圆的半径或[直径(D)]<10>：

此时可用键盘输入数据作为半径，然后回车加以确认。也可以直接回车，指定以尖括号内的默认值为半径。

(2) 输入选项确定画圆的方式：中括号内给出了最常用方式的选项。例如，如果采用三点画圆方式，可采用下列方式之一：

① 在命令行输入 3P，然后按回车键。

② 单击鼠标右键，在弹出的快捷菜单中选择“三点(3P)”选项。

为了使用方便，AutoCAD 为大部分命令提供了快捷键(简捷命令)，如 CIRCLE 命令的快捷键是“C”，就是说，在“命令：”提示符下输入“C↵”，也可以启动画圆命令。表 1-1 列出了几个常用的命令简写形式。

表 1-1　常用的命令简写

命令全名	命令简写	对应操作	命令全名	命令简写	对应操作
Arc	A	画圆弧	Move	M	移动
Block	B	定义块	Offset	O	偏移
Circle	C	画圆	Pan	P	视图平移
Dimstyle	D	标注样式	Redraw	R	重画
Erase	E	删除	Stretch	S	拉伸
Fillet	F	倒圆角	Mtext	T	多行文字
Group	G	编组	Undo	U	撤销上一次操作
Bhatch	H	图案填充	View	V	视图
Insert	I	块插入	Wblock	W	写块
Line	J	画直线	Zoom	Z	视图缩放

2) 从菜单输入命令

仍以三点方式画圆为例，利用菜单操作的步骤如下：

(1) 激活[绘图]菜单。

(2) 鼠标指向其下拉菜单中的“圆(C)”选项。

(3) 在自动弹出的子菜单中选择“三点(3P)”选项。

上述操作过程下面采用简化表述：

“绘图”→“圆”→“三点”。

3) 从工具栏输入命令

例如：单击“绘图”工具栏上的  图标，即可启动画圆命令。

应该指出，无论使用以上三种命令输入方式中的任何一种方式，命令行都会出现提示，不同的是使用菜单或工具条输入命令时会在输入的相应命令前带有一条短下划线，如：

命令：

_circle 指定圆的圆心或[三点(3P)/两点(2P)/相切、相切、半径(T)]:

许多命令都有快捷菜单。单击鼠标右键时，AutoCAD 会根据系统当前状态显示相应的快捷菜单，供用户用光标选择输入。

1.1.5　命令的终止、重复、放弃与重做

1. 重复命令

结束一个命令后，重复执行这个命令常用以下两种方式：

(1) 在“命令：”提示符下按 Enter 键或 Space 键。

(2) 在绘图区单击鼠标右键，从快捷菜单中选择重复命令。

2. 终止命令

在命令执行过程中，用户可以随时按 Esc 键终止执行命令。

3. 放弃最近完成的操作

放弃最近完成的单个操作有以下四种方式：

(1) “编辑”→“放弃”。

(2) 单击“标准”工具栏上的“放弃”按钮。

(3) 快捷菜单：没有任何命令运行也没有任何对象被选中时，在绘图区域单击鼠标右键，然后选择“放弃”。

(4) 命令行：

UNDO

在随后出现的提示后直接按 Enter 键可放弃上一个操作；在提示后面输入要放弃的操作数目，可取消最近执行的多个操作。

只有 UNDO 可以通过指定数目实现一次放弃多个操作，其简化命令以及上述前三种方式一次只能取消单个操作。

4. 重做最近放弃的操作

重做最近放弃的单个操作有以下四种方式：

(1) “编辑”→“重做”。

(2) 单击“标准”工具栏上的“重做”按钮。

(3) 快捷菜单：执行放弃操作后，在绘图区单击鼠标右键，然后选择“重做”。

(4) 命令行：

REDO

在随后出现的提示后直接按 Enter 键仅恢复最后放弃的命令；在提示后面输入要恢复的操作数目，可恢复最近放弃的多个命令。

1.1.6　坐标系与点的输入方法

1. 二维点坐标的表示方式

执行绘图命令时，系统常常需要用户指定点(如直线的起点和端点、圆的圆心、矩形的对角点等)的位置。如何精确地输入点的坐标是绘图的关键，常用的坐标表示方式有四种，分述如下。

1) 绝对直角坐标

绝对直角坐标值是基于原点(0，0)的。要使用坐标值指定点，可输入用逗号隔开的 X 值和 Y 值(X，Y)。X 值是沿水平轴以图形单位表示的正的或负的距离，Y 值是沿垂直轴以图形单位表示的正的或负的距离。例如，坐标(20，30)指定的点，此点在 X 轴方向距离原点 20 个单位，在 Y 轴方向距离原点 30 个单位。

2) 相对直角坐标

相对直角坐标值是基于上一输入点的。如果知道某点与上一点的位置关系，则可使用相对直角坐标。要指定相对直角坐标，在坐标的前面加一个@符号。例如，坐标(@20，30)指定的点，此点在 X 轴方向距上一指定的点 20 个单位，在 Y 轴方向距上一指定的点 30 个单位。

3) 绝对极坐标

绝对极坐标可以用某点相对原点的距离以及该点与原点的连线与 0° 方向(通常为 X 轴正方向)的夹角来表示。其格式为：

距离 < 角度

例如，坐标(20 < 45)指定的点，该点距原点 20 个单位，它与原点的连线与 0° 方向的夹角为 45° 。

4) 相对极坐标

相对极坐标可以用某点相对上一输入点的距离以及该点与上一点的连线与 0° 方向(通常为 X 轴正方向)的夹角来表示，其格式为：

@距离 < 角度

例如，坐标(@20<30)指定的点，该点距上一点 20 个单位，它与上一点的连线与 0° 方向的夹角为 30° 。

2. 二维点坐标的输入方式

1) 在命令行直接输入点坐标

当命令提示需要指定点时，可以在提示后面直接输入点的坐标并按 Enter 键。注意输入坐标时不要带括号。

2) 直接输入距离值

当命令提示需要指定点时，先将光标移动到某个方向，然后输入距离值并按 Enter 键，这种方式实际上相当于输入相对极坐标。

1.1.7 绘图环境设置

绘图界限即用户的工作区域和图纸的边界。在 AutoCAD 中，图形界限的设置不受限制，建议先采用 1∶1 的比例绘制图形，最后再按照一定的比例打印输出。

设置绘图界限可以采用在命令栏输入“LIMITS”命令的方式。

例如，设置 A2 图幅的图形界限的操作步骤如下：

(1) 命令：

LIMITS↵

重新设置模型空间界限：

指定左下角点或[开(ON)/关(OFF)]<0.0000，0.0000>：↵(保持默认原点不变)

指定右上角点<420.0000，297.0000>：594，420 ↵[原来的坐标(420，297)表示出A3 图幅的宽和高．输入新的坐标(594，420)表示 A2 图幅的宽和高]

(2) 执行“缩放全图”的操作，以便图形界限尽可能大的充满整个绘图窗口。可采用以下两种方式之一：

① 在命令行输入 ZOOM 命令，然后选择“A”选项。

ZOOM [全部(A) 中心(C) 动态(D) 范围(E) 上一个(P) 比例(S) 窗口(W) 对象(O)] <实时>:

② 单击右侧 按钮。

1.1.8 设置图形单位

设置图形单位是指设置长度和角度的度量单位和显示精度，以及角度的测量起始位置与方向。设置图形单位可采用以下方式：

命令：

UNITS↵

执行命令后，会弹出如图 1-29 所示的对话框。

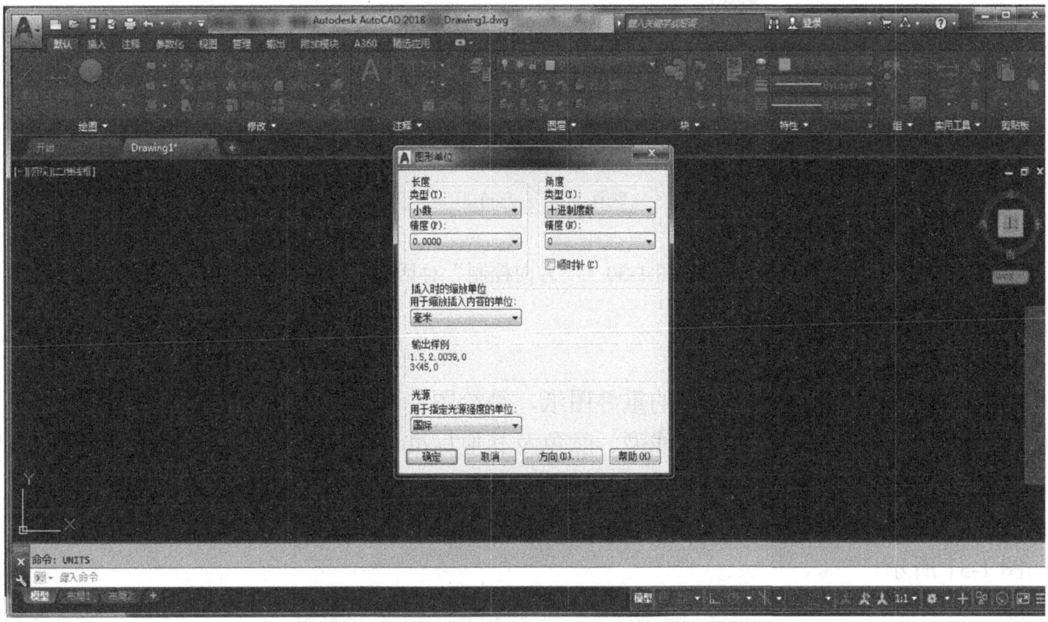

图 1-29　“图形单位”对话框

下面介绍该对话框中各部分的功能：

(1) “长度”及“角度”选项区：可以通过下拉列表框来选择长度和角度的记数类型以及各自的精度。一般情况下，采用“小数”类型。选中“顺时针”复选框，可以确定顺时针为角度正方向，否则，AutoCAD 默认逆时针为角度的正方向。

(2) “插入比例”选项区：“用于缩放插入内容的单位”选项用于设置将当前图形与其

他图形相互引用时所使用的单位。例如，当前图形该选项设置为“毫米”，而被引用的图形该选项设置为“厘米”，则在被引用图形插入到当前图形时，将被插入的图形放大 10 倍。应该指出，在 AutoCAD 中的绘图单位本身是无量纲的，只是通常习惯上将这个单位视为毫米(mm)。设置“用于缩放插入内容的比例”选项中的计量单位，仅是为了提供图形间相互引用时的缩放依据。

单击对话框的下方“方向”按钮，会弹出“方向控制”对话框(如图 1-30 所示)，用户可在该对话框中设置角度测量的起始位置，AutoCAD 默认角度测量的起始位置即 0° 方向是东(E)。

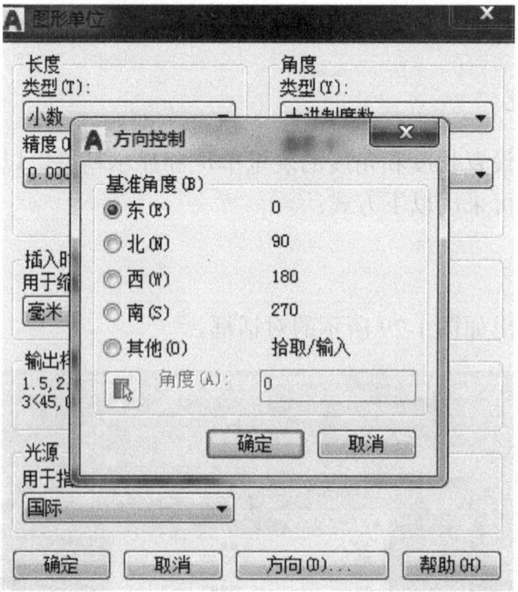

图 1-30　“方向控制”对话框

1.1.9　图层的使用

图层相当于图纸绘图中使用的重叠图纸，是绘图中使用的主要组织工具。可以使用图层将信息按功能编组，以及执行线型、颜色及其他标准。通过创建图层，可以将类型相似的对象指定给同一图层使其相关联。

管理图层一般使用图层特性管理器，而管理图层的命令都集中在“图层”选项栏下，如图 1-31 所示。

图 1-31　“图层”选项栏

单击“图层”选项栏下的“图层特性”按钮，系统将弹出“图层特性管理器”对话框如图 1-32 所示。通过“图层特性管理器”对话框建立新图层，可以为图层设置线型、颜色、线宽等。

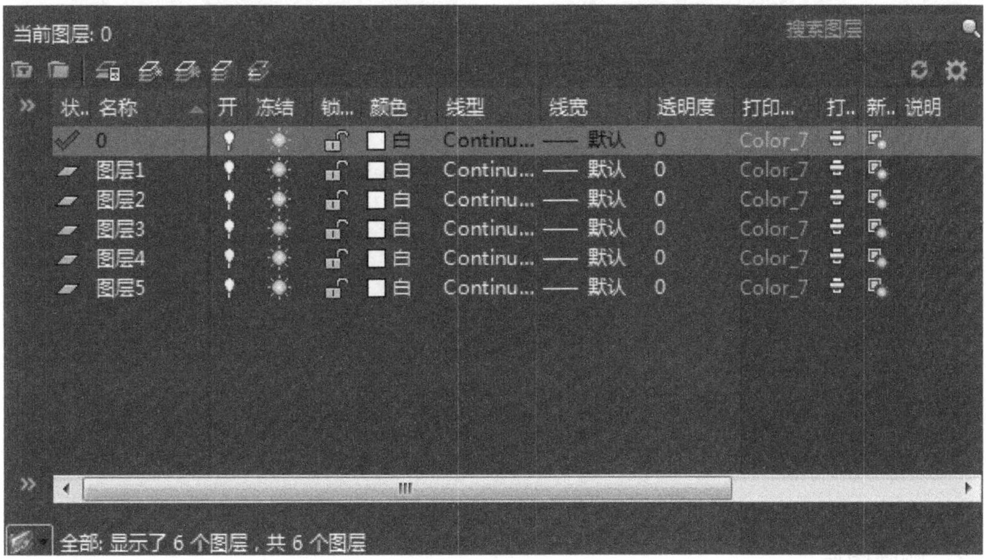

图 1-32　“图层特性管理器”对话框

1. 新建和命名图层

单击“图层特性管理器”对话框的“新建图层”按钮可以创建一个新图层如图 1-33 所示，也可以使用快捷键 Alt + N 组合键创建图层。

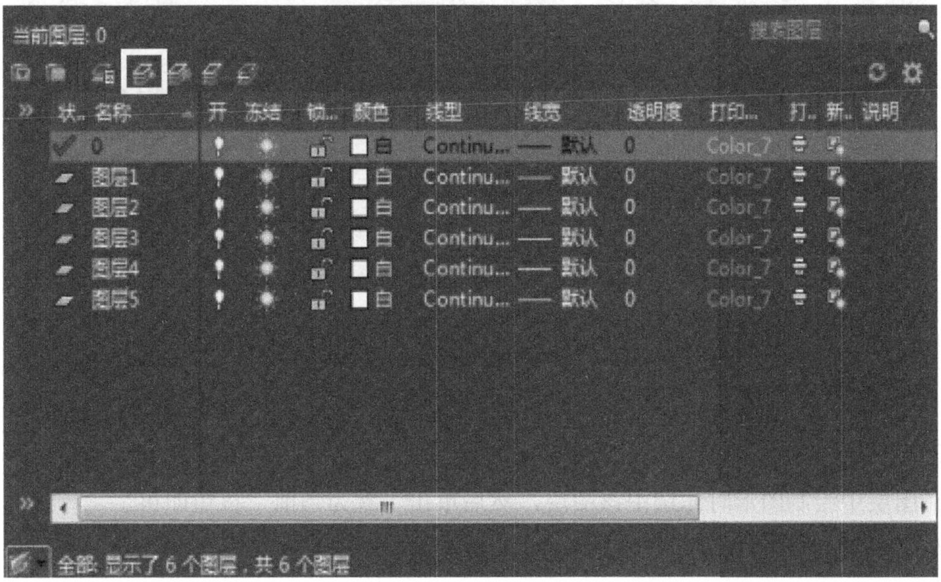

图 1-33　新建图层

新建图层后会激活新图层的名称，这时可直接输入图层名称，如图 1-34 所示。

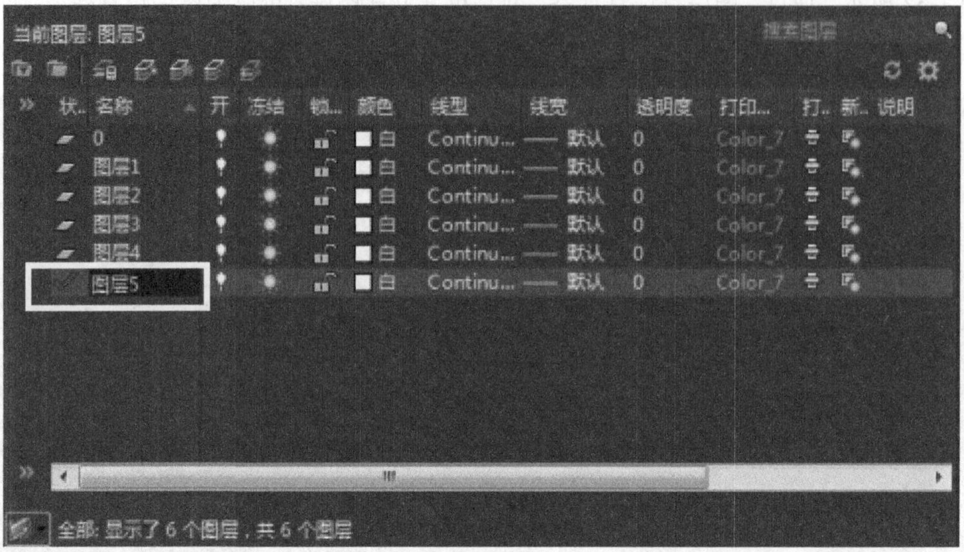

图 1-34　命名图层

2．删除图层

若需删除图层先选中该图层，然后单击“删除图层”按钮即可，如图 1-35 所示。

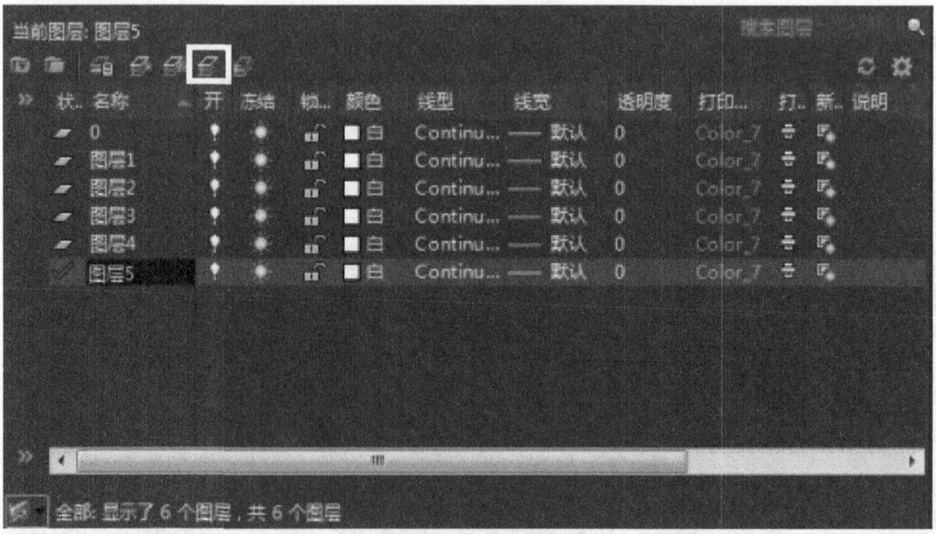

图 1-35　删除图层

3．在图层中绘制图形

在图层中绘制图形时先选中该图层，然后单击“置为当前”按钮即可。

4．图层颜色设置

设置新绘图形的颜色时可以单击图层特性上的颜色色块，系统会弹出“选择颜色”对话框，如图 1-36 所示。

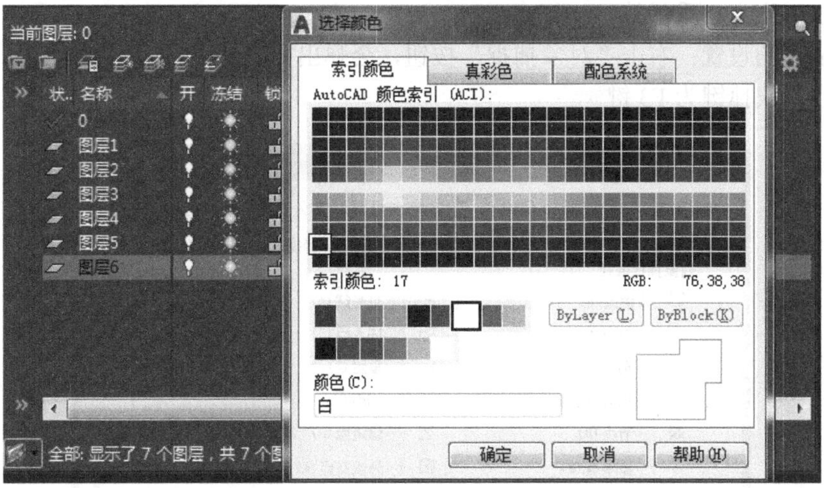

图 1-36　“选择颜色”对话框

5. 图层线型、线宽设置

绘工程图时经常要采用不同的线型(如虚线、中心线等)，可以单击图层特性管理器中的“线型”，系统会弹出“选择线型”对话框，如图 1-37 所示。

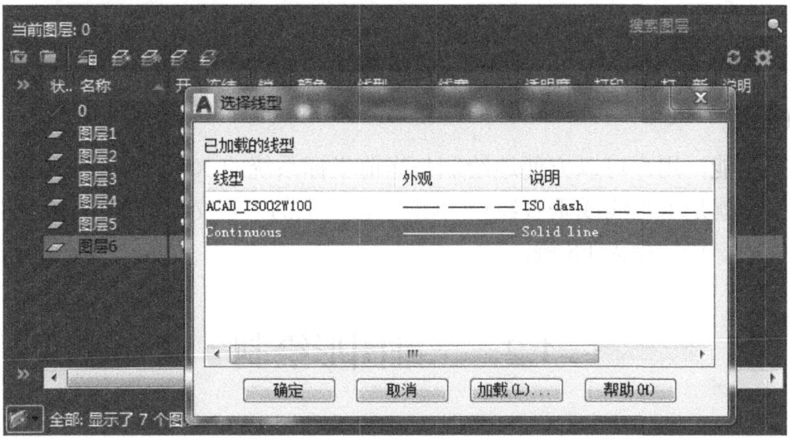

图 1-37　“选择线型”对话框

6. 图层的打开、冻结和锁定

在 AutoCAD 中可以打开、关闭、冻结、解冻、锁定与解锁各图层，以确定各图层的可见性与可操作性。打开、关闭图层的方法是激活或关闭图层前的小灯泡图标；冻结、解冻图层的方法是激活或关闭图层前的太阳图标；锁定与解锁图层的方法是激活或关闭图层前的铁锁图标。

1.1.10　捕捉和正交方式

1. 对象捕捉

利用对象捕捉功能，在绘图过程中可以快速、准确地确定一些特殊点，如圆心、端点、中点、切点、交点、垂足等。

对象捕捉的设置：右击“对象捕捉”按钮，会弹出如图 1-38 所示的对话框，用来确定自动捕捉点，快捷键为 F3 键。

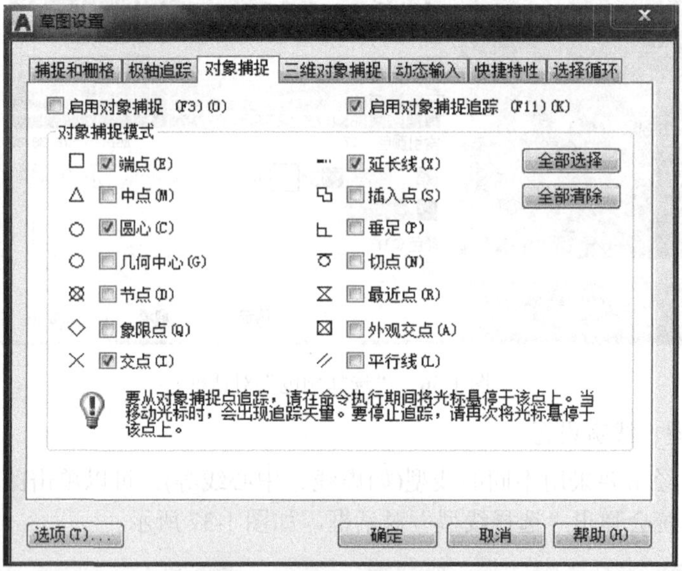

图 1-38　“草图设置”对话框

2. 正交方式

利用正交功能，用户可以方便地绘制与当前坐标系统的 X 轴或 Y 轴平行的线段(对于二维绘图而言，就是水平线或垂直线)。单击状态栏上的“正交”按钮可快速实现正交功能是否启用的切换，快捷键为 F8 键。

1.2　二维图形绘制

1.2.1　绘制直线

1. 命令执行方法

(1) 单击“绘图”工具栏上的“直线” 按钮；

(2) 命令行：

LINE 或 L

2. 命令格式

命令：

LINE↵

指定第一点：(确定直线的起点位置，可输入坐标值或者用鼠标在绘图窗口捕捉)

指定下一点[放弃(U)]：(确定端点，并将其作为下一线段的始点)

指定下一点或[闭合(C)/放弃(U)]：(确定另一端点，并将其作为下一线起始点或选择闭合线放弃前一个操作)

3. 说明

(1) 指定第一点：指定直线起始点。若按 Enter 键，AutoCAD 将以上一次所绘制线段的终点作为直线的起点。

(2) 闭合(C)：当绘制连续两段以上的线段后，用户可根据命令指示输入字符“C”选项，AutoCAD 将自动使连续的线段封闭。

(3) 在直线绘制过程中，若需要删除某些线段并重新绘制时不必退出 LINE 命令，可以根据命令提示选项“放弃(U)”输入 U 并按 Enter 键，就可以删除最后一次绘制的线段。连续使用 U 命令，可依次删除最近绘制的多条直线段。

(4) 绘制直线结束，用户可按 Enter 键或 Space 键结束命令。

4. 实例

按顺时针方向绘制一个长为 5000 mm，宽为 3000 mm 的矩形。

(1) 单击“绘图”工具栏上的“直线” 按钮，或在命令栏输入快捷键“L”，按 Enter 键或 Space 键执行命令。

(2) 单击鼠标左健在合适的位置点击第一点，拉出一根直线，确定矩形的长：在命令栏输入数值 5000。

(3) 将鼠标往下移动确定矩形的宽：在命令栏输入数值 3000。

(4) 将鼠标往左移动，确定矩形的另一个长：在命令栏输入数值 5000。

(5) 将鼠标向上移动，确定矩形的另一个宽：在命令栏输入数值 3000。

(6) 结束命令或者执行“闭合(C)”选项。

最后得到的矩形如图 1-39 所示。

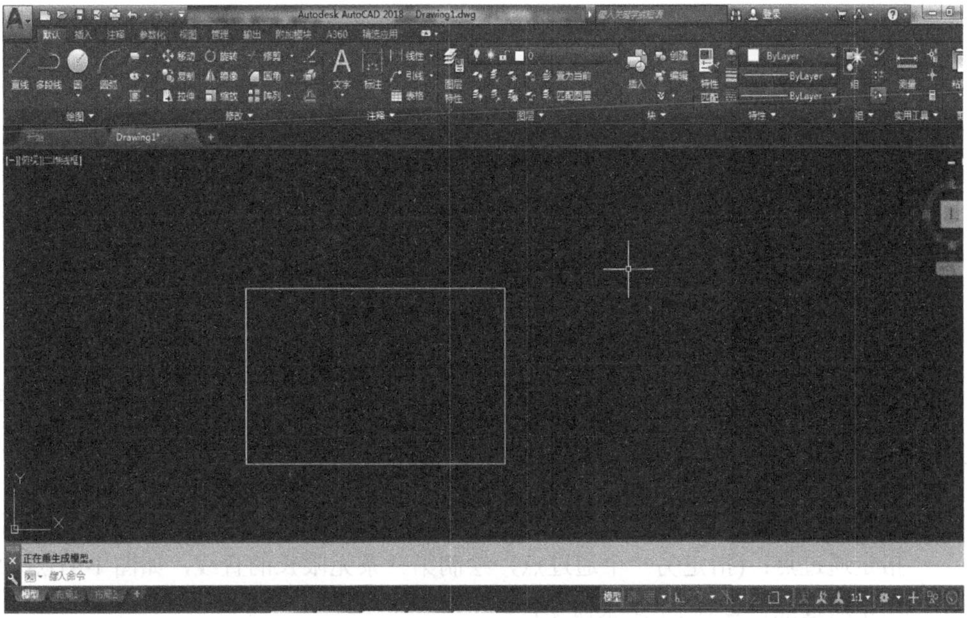

图 1-39　绘制矩形

1.2.2　绘制射线

1. 命令执行方法

(1) 单击“绘图”工具栏上的“射线”按钮；

(2) 命令行：

RAY 或 R

2. 命令格式

命令：

RAY↵

指定起点：(指定射线的起点，如图 1-40 所示 A 点)

指定通过点：(指定射线的通过点，绘制出一条射线，如射线 AB)

指定通过点：(指定第二条射线的通过点，绘制起点相同的第二条射线，如射线 AC)

指定过点：↵(结束绘制射线命令，所绘制的射线如图 1-40 所示)

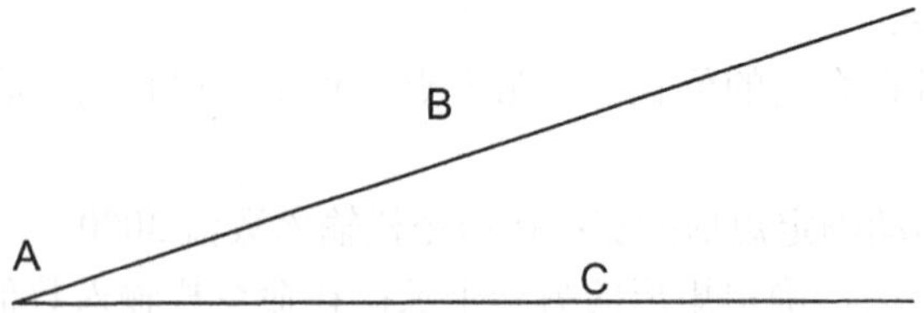

图 1-40　射线的绘制

1.2.3　绘制构造线

1. 命令执行方法

(1) 单击“绘图”工具栏上的“构造线”按钮；

(2) 命令行：

XLINE 或 XL

2. 命令格式

命令：

XLINE↵

指定点或[水平(H)/垂直(V)/角度(A)/等分(B)/偏移(O)](指定构造线通过的一点或其他绘制方式，如图 1-41 点 A)

指定通过点：(指定一个通过点，绘制一条无限长的直线，如图 1-41 点 B)

指定通过点：(指定另一个通过点，绘制第二条无限长的直线，如图 1-41 点 C)

指定通过点：(指定另一个通过点，绘制第三条无限长的直线，如图 1-41 点 D)

指定通过点：↵(回车结束命令)

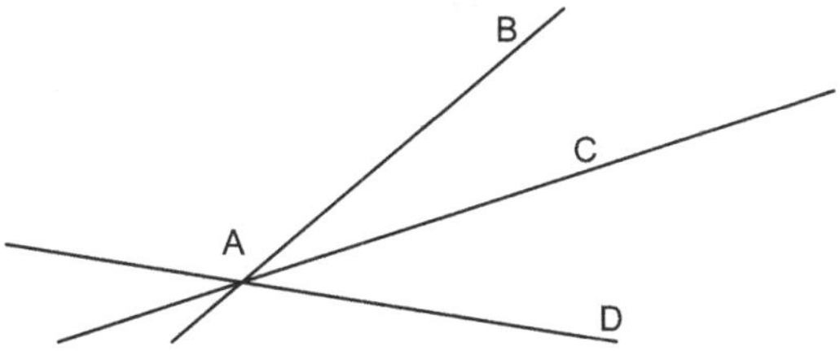

图 1-41　构造线的绘制

1.2.4　绘制多线

多线可包含 2～16 条平行线，把这些平行线称为多线的元素。通过指定距多线初始位置的偏移量可以确定元素的位置。用户可以创建和保存多线样式；或者使用具有两个元素的缺省样式；还可以为每个元素分别设置颜色、线型等。

1. 命令执行方法

命令行：

MLINE 或 ML

2. 命令格式

命令：

MLINE↵

当前设置：对正 = 上，比例 = 1.00，样式 = STANDARD

指定起点或[对正(J)/比例(S)/样式(ST)]：

指定下一点：(指定多线位置第二点，绘制一段多线)

指定下一点或[放弃(U)]：(指定下—点绘制另一段多线)

指定下一点或[闭合/放弃(U)]：C↵(指定下一点绘制另一段多线/闭合多线/放弃前一步操作)

3. 选项说明

对正：指定多线与所指定的起点的相对位置关系。“上”表示在指定的起点下方绘制多线，即多线最上一条线的起点与指定的起点重合；“下”表示在指定的起点上方绘制多线，即多线最下一条线的起点与指定的起点重合；“无”表示将光标作为原点绘制多线，即在组成多线的元素中，“元素特性”的偏移为 0.0 的线(可能不可见)的起点与指定的起点重合。

比例：该比例值与多线样式中设置的各直线元素偏移值的乘积就是要绘制出的多线的各直线元素的实际偏移值。

样式：设置多线组成元素的数目及线型。

4. 设置多线样式命令 MLSTYLE

命令行：

MLSTYLE

启动 MLSTYLE 命令后，弹出如图 1-42 所示“多线样式”的对话框。在这个对话框中，用户可添加、保存新创建的多线样式，也可加载已有的多线样式。

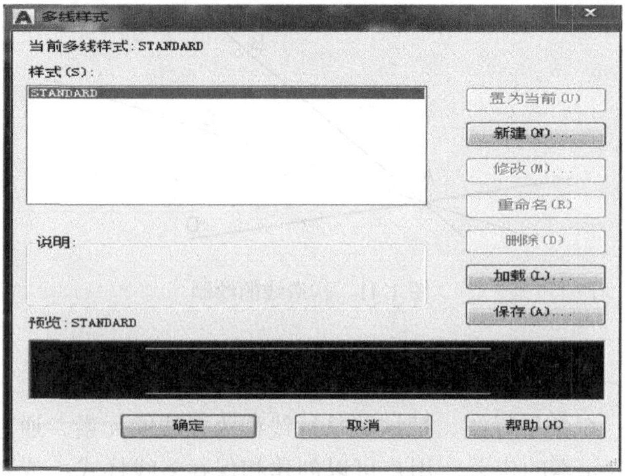

图 1-42　“多线样式”对话框

1.2.5　绘制多段线

1. 命令执行方法

命令行：

PLINE 或 PL

2. 命令格式

命令：

PLINE↵

指定起点：(指定多段线起点)

当前线宽为 0.0000(显示当前所绘制多段线的线宽)

指定下一个点[圆弧(A)/半宽(H)/长度(L)/放弃(U)/宽度(W)]：(指定多段线另一点或执行选项来设置多段线的绘制)

3. 选项说明

(1) 圆弧(A)：指定绘制多段线方式为圆弧。

选择该项后命令行会提示如下：

指定圆弧的端点或[角度(A)/圆心(CE)/方向(D)/直线(L)/半径(R)/第二个起点(S)/放弃(U)/宽度(W)]。

用户可以根据命令行提示用输入各选项的字母的方法，来绘制不同的圆弧。

(2) 半宽(H)：设定要绘制线段的起点和终点的半宽值。

(3) 长度(L)：指定绘制直线段的长度。

(4) 放弃(U)：取消上一次操作，回退至上一步。

(5) 宽度(W)：设定多段线的起点和终点的宽度。

4. 实例

绘制多段线，具体步骤如下：

(1) 单击“绘图”工具栏上的“多线段”  按钮，单击鼠标左键指定多线段的起点，

在命令栏输入代表“宽度”的字母“W”，指定起点宽度和终点宽度均为“20”。

(2) 指定多线段的端点：命令栏输入“2000”。在命令栏输入代表“圆弧”的字母“A”，指定圆弧的端点：命令栏输入“1000”；在命令栏输入代表“直线”的字母“L”，在命令栏输入代表“宽度”的字母“W”，将起点宽度和终点宽度设置为默认值“0”。

(3) 指定多线段的下一点：命令栏输入“1000”。在命令栏输入代表“宽度”的字母“W”，将起点宽度设置为“50”，终点宽度设置为“0”。

(4) 指定多线段的下一点：命令栏输入“100”。在命令栏输入代表“宽度”的字母“W”，将起点宽度设置为和终点宽度设置为“20”。

(5) 指定多线段的下一点：命令栏输入“900”。

(6) 按 Enter 键或 Space 键执行命令或者输入“C”使多线段闭合。

最后得到的多段线如图 1-43 所示。

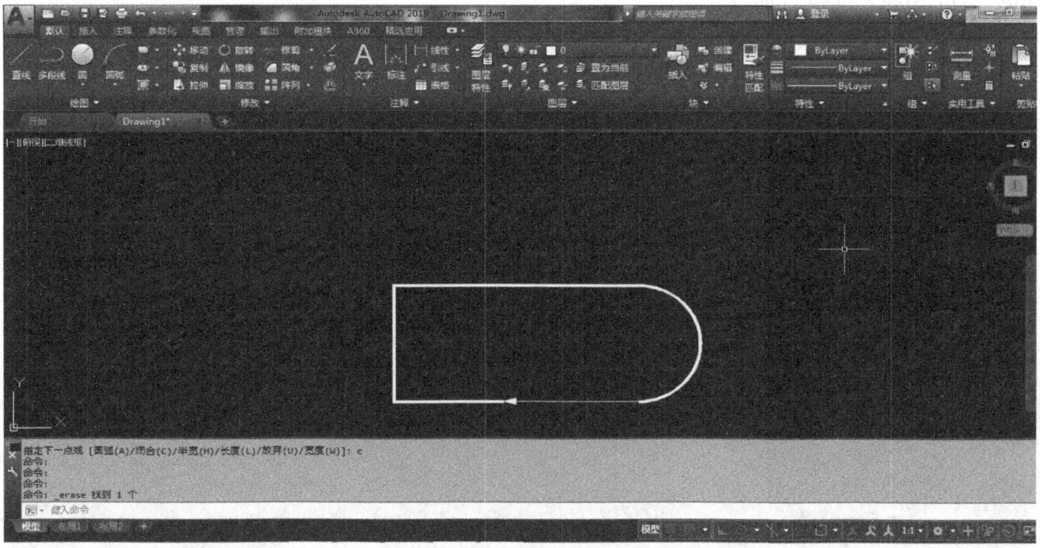

图 1-43　绘制多段线

1.2.6　绘制正多边形

1. 命令执行方法

(1) 单击“绘图”工具栏上的“正多边形”  按钮；

(2) 命令行：

POLYGON 或 POL

2. 命令格式

命令：

POLYGON↵

输入边的数目(4)：(给出多边形的边数，初始默认值为 4 边)

指定正方形的中心点或(边(E))：(指定正多边形中心点坐标值或以上边绘制多边形)

输入选项[内接于圆(I)/外切于圆(C)]<I>：(设置多边形内接于圆或外切于圆)

指定圆的半径：(设定内接的圆或外切圆的半径)

3. 选项说明

(1) 边(E)：指定用两个点确定多边形一条边来绘制正多边形。绘制图形时从第一个端点到第二个端点沿逆时针方向绘制正多边形。

(2) 内接于圆(I)：用该选项绘制的正多边形将内接于假设的圆。此时，正多边形中心到各顶点的距离等于假设圆的半径。

(3) 外切于圆(C)：用该选项绘制的正多边形各边外切于假设的圆。此时，正多边形的中心到各边的垂直线距离等于假设圆的半径。

4. 实例

绘制一个正六边形内接于半径为 1000 mm 的圆，具体步骤如下：

(1) 单击“绘图”工具栏上的“正多边形” 按钮，或者输入快捷键“POL”，按 Enter 键或 Space 键执行命令。

(2) 在命令栏输入“6”，按 Enter 键或 Space 键执行命令。

(3) 在工作区域单击鼠标左键指定正多边形的中心点，输入代表“内接于圆”的字母“I”，按 Enter 键或 Space 键执行命令。

(4) 输入圆的半径“1000”，按 Enter 键或 Space 键结束命令。

最后得到的内接于圆的正六边形如图 1-44 所示。

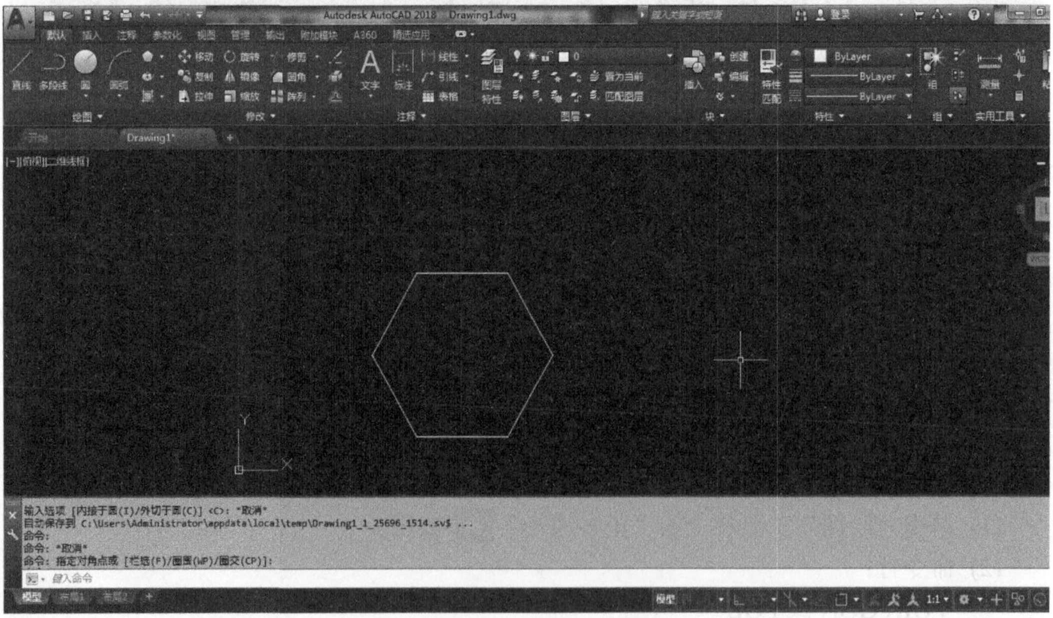

图 1-44　绘制正六边形内接于圆

1.2.7　绘制矩形

1. 命令执行方法

(1) 单击“绘图”工具栏上的“正多边形” 按钮；

(2) 命令行：

RECTANG 或 REC

2. 命令格式

命令：

RECTANG↵

当前矩形模式：圆角 = 10.0000 (列出当前矩形绘制模式)

指定第一个角点或[倒角(C)/标高(E)/圆角(F)/厚度(T)/宽度(W)]：(指定矩形第一个角点或设置绘制参数)

指定另一个角点或[尺寸(D)]：(指定另一个角点)

3. 选项说明

(1) 倒角(C)：绘制具有倒斜角的矩形。选用此选项，系统将提示用户设置第一倒角距离和第二倒角距离，设定后，再指定矩形对角两点即可绘制倒斜角的矩形。

(2) 标高(E)：该选项一般用于三维绘图。绘制的矩形在与 XOY 平面平行且与 Z 轴坐标为所设定的标高值的平面上。

(3) 圆角(F)：用于绘制具有倒圆角的矩形。执行该选项后，系统要求输入圆角半径。

(4) 厚度(T)：可以绘制具有一定厚度值的矩形，用于三维绘图。

(5) 宽度(W)：用于设置矩形的边线宽度，默认宽度值为 0。

(6) 以上设置值均具有继承性，即下一次调用绘制矩形命令时会使用原先设好的绘制矩形模式。

4. 实例

绘制一个 500 mm × 400 mm 的矩形，具体步骤如下：

(1) 单击“绘图”工具栏上的“矩形” 按钮，或者输入快捷键“REC”，按 Enter 键或 Space 键执行命令。

(2) 在工作区域任意位置单击鼠标左键，拉出一个矩形，在命令栏输入矩形的具体参数(500，400)。

(3) 按 Enter 键或 Space 键结束命令。

最后得到的矩形如图 1-45 所示。

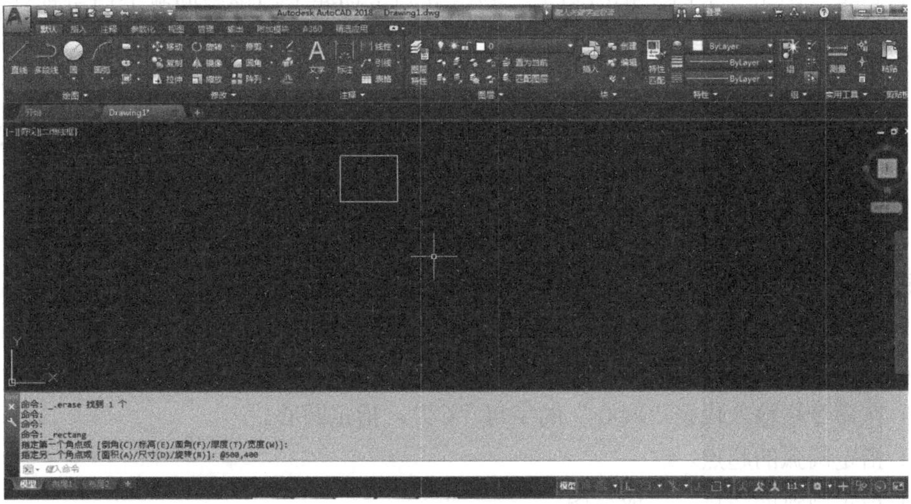

图 1-45　绘制矩形

1.2.8　绘制圆弧

1. 命令执行方法

(1) 单击“绘图”工具栏上的“圆弧”按钮；

(2) 命令行：

ARC 或 A

2. 命令格式

命令：

ARC↵

指定圆弧的起点或[圆心(C)]：(输入圆弧起点)

指定圆弧的第二点或[圆心(C)/端点(E)]：(输入圆弧第二点)

指定圆弧的端点：(输入圆弧的终点，系统自动结束命令)

3. 选项说明

(1) 三点：根据提示用指定圆弧的起点、第二点和端点绘制圆弧。

(2) 起点、圆心、端点：指定圆弧的起点、圆心和端点方式确定圆弧。默认所绘制的圆弧为相切于圆心，从起点按逆时针到端点所绘成的曲线。

(3) 起点、圆心、角度：此选项绘制指定起点，基于指定圆心的和指定圆心角所对应的圆弧，默认正角度为逆时针方向。

(4) 起点、圆心、长度：用指定起点、圆心坐标和弧长绘制圆弧。当圆弧长为正值时，绘制小于半圆的弧，反之，则绘制大于半圆的圆弧。

(5) 起点、端点、角度：指定起点、端点和角度绘制圆弧。当系统默认逆时针为角度方向时，输入正角度值则圆弧从起点绕圆心按逆时针绘制圆弧；反之，输入负角度值则按顺时针方向绘制圆弧。

(6) 起点、端点、方向：指定起点、端点及起点切线方向确定圆弧方向可拖动鼠标确定圆弧在起始点处的切线方向后单击鼠标，即可得到圆弧。

(7) 起点、端点、半径：绘制通过起点、端点和半径为指定值的圆弧。

(8) 圆心、起点、端点：按系统默认角度方向，由圆心、起点和端点确定圆弧段。

(9) 圆心、起点、角度：指定圆心和起点位置，按指定圆心角度绘制圆弧。

4. 实例

通过圆心绘制圆弧的具体步骤如下：

(1) 单击“绘图”工具栏上的“圆弧”按钮，或者输入快捷键“A”，按 Enter 键或 Space 键执行命令。

(2) 在命令栏输入代表“圆心”的字母“C”，指定圆心。

(3) 指定圆弧的起点。

(4) 指定圆弧的端点，完成绘图。

最后得到的圆弧如图 1-46 所示。

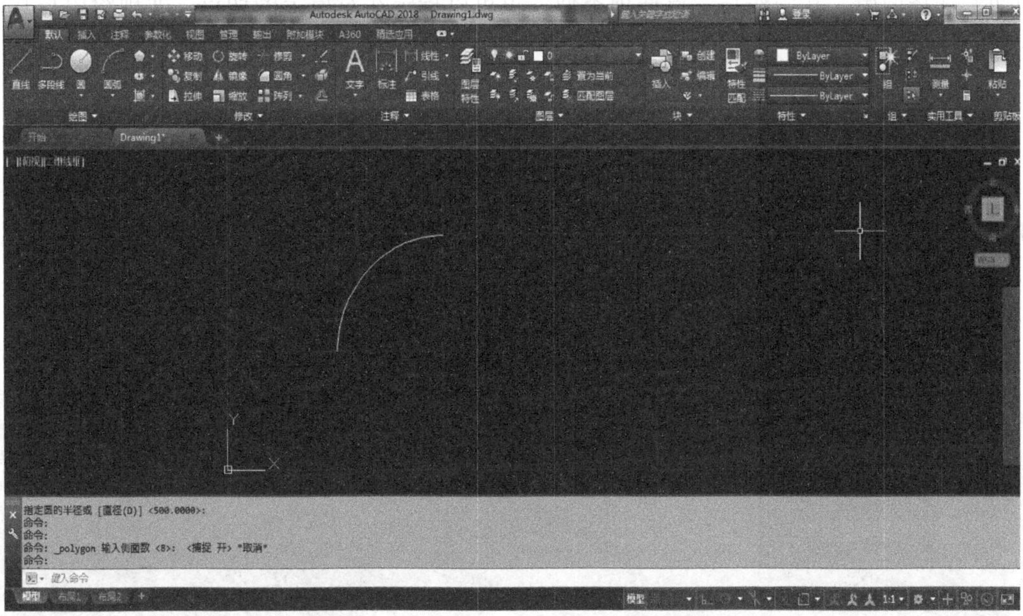

图 1-46　绘制圆弧

1.2.9　绘制圆

1. 命令执行方法

(1) 单击“绘图”工具栏上的“圆”  按钮；

(2) 命令行：

CIRCLE 或 C

2. 命令格式

命令：

CIRCLE↵

指定的圆心或[三点(3P)/两点(2P)/相切、相切、半径(T)]：(指定绘制圆的圆心或其他方法绘制圆)

指定圆的半径或[直径(D)]：(指定圆的半径或直径绘制圆)

3. 选项说明

(1) 三点：指定圆上的三点来绘制圆。执行该选项后，命令行提示：

指定圆上的第一点：(输入要绘制圆上的第一点)

指定圆上的第二点：(输入要绘制圆上的第二点)

指定圆上的第三点：(输入要绘制圆上的第三点，系统结束绘制)

(2) 两点：绘制经过指定两点，且以这两点间距离为直径的圆。

(3) 相切、相切、半径：绘制指定半径，且与指定两个对象相切的圆。此选项绘制的圆与所选切点位置及切圆半径大小有关。

(4) 相切、相切、相切：此选项只有在下拉菜单：“绘图”→“圆”→“相切、相切、相切”选择调用。其操作与三点选项类似，也可以指定在对象上的切点，实现绘出与其他图形元素相切的圆。

4. 实例

绘制一个直径为 1000 mm 的圆，具体步骤如下：

(1) 单击“绘图”工具栏上的“圆” 按钮，或者输入快捷键“C”，按 Enter 键或 Space 键执行命令。

(2) 在工作区域任意位置单击鼠标左键指定圆心，输入代表直径的字母“D”。

(3) 在命令栏输入参数 1000，按 Enter 键或 Space 键结束命令。

最后得到的圆如图 1-47 所示。

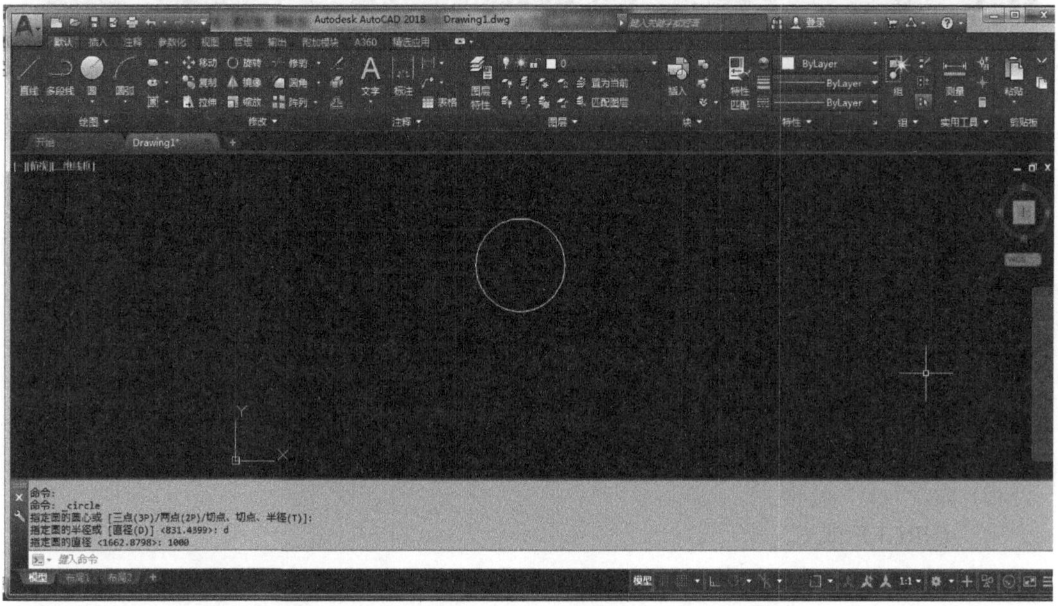

图 1-47　绘制圆

1.2.10　绘制圆环

1. 命令执行方法

(1) 单击“绘图”工具栏上的“圆环” 按钮；

(2) 命令行：

DONUT 或 DO

2. 实例

绘制导线连接处的小黑点的具体步骤如下：

(1) 单击“绘图”工具栏上的“圆环” 按钮，或者输入快捷键“DO”。

(2) 在“指定圆环的内径：”命令栏输入具体参数“0”。

(3) 在“指定圆环的外径：”命令栏输入具体参数“5”。

(4) 指定圆环的中心点或<退出>：(捕捉两直线的交点)，按 Enter 键或 Space 键结束命令。最后得到的小黑点如图 1-48 所示。

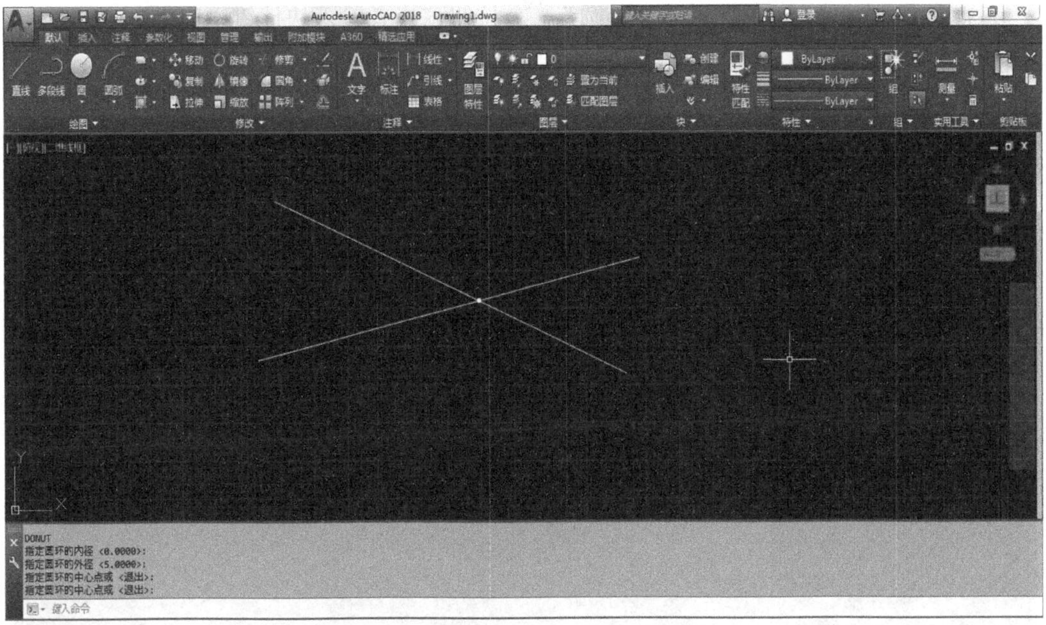

图 1-48　用填充的实心圆环表示导线相接

1.2.11　绘制椭圆

1. 命令执行方法

(1) 单击“绘图”工具栏上的“椭圆”  按钮；

(2) 命令行：

ELLIPSE 或 EL

2. 命令格式

命令：

ELLIPSE↵

指定椭圆的轴端点或[圆弧(A)中心点(C)]；(指定圆弧轴端点或者绘制圆弧)

指定轴的另一个端点：(指定椭圆轴的另一个端点)

指定另一条半轴长度或[旋转(R)]：(输入另一轴的半轴长度)

3. 选项说明

(1) 圆弧(A)：绘制椭圆弧。

(2) 中心点(C)：指定椭圆的中心点，再指定一轴的端点及另一半轴的端点方式确定椭圆。

(3) 旋转(R)：把由中心点及一轴端点形成的圆，绕中心点与轴端点旋转一定角度后，投影到平面上形成椭圆。

椭圆弧指椭圆图形上的一段弧线。其绘制过程是先绘制一个完整的椭圆再删除不需要的部分，留下所需的椭圆弧。

4. 实例

绘制一个长轴为 5000 mm、短轴为 2500 mm 的椭圆，具体步骤如下：

(1) 单击“绘图”工具栏上的“椭圆”  按钮，或者输入快捷键“EL”，按 Enter 键或 Space 键执行命令。

(2) 在工作区域任意位置单击鼠标左键指定椭圆的起点。

(3) 在命令栏输入椭圆长轴的具体参数“5000”，按 Enter 键或 Space 键执行命令。

(4) 在命令栏输入椭圆短轴半轴的具体参数“1250”，按 Enter 键或 Space 键执行命令。

最后得到的椭圆如图 1-49 所示。

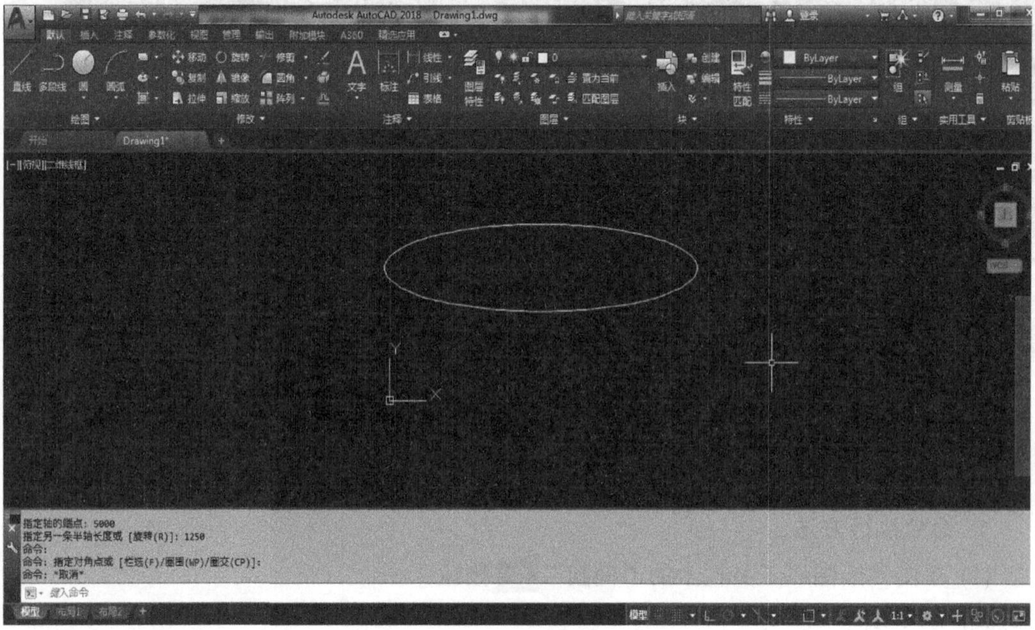

图 1-49 绘制椭圆

1.2.12 绘制点

1. 点样式的设置

(1) 命令执行方法，有两种：

① 命令行：

DDPTYPE

② 下拉菜单：“实用工具” → “点样式”。

执行命令后，系统弹出如图 1-50 所示对话框，可通过该对话框选择点样式，也可以利用对话框中勾选“点大小”文本框确定点的大小。

(2) 说明：

① 系统默认点的显示方式为小圆点，用户可以在点样式窗口中直接选择系统提供的点的显示模式。

② 相对于屏幕设置大小：设置点在绘图窗口显示的大小是相对于显示屏幕的百分数，其数值由“点大小”选项控制，可直接在其对应的文本框输入数值。

③ 按绝对单位设置大小：用实际“点大小”的数值显示点样式。当进行放大或缩小绘图时，其点也会相应放大和缩小。

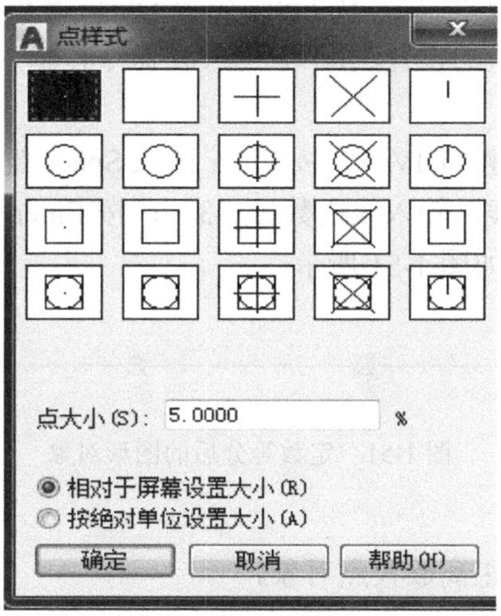

图 1-50　“点样式”对话窗口

2. 创建点

可用命令单独创建单点或连续创建多点。

1) 命令执行方式

命令行：

POINT 或 PO

2) 命令格式

命令：

POINT↵
当前模式：PDMode=0 PDSize=0.0000(当前点的模式和点的大小)
指定点：(输入点坐标或用鼠标在绘图窗口捕捉)

3. 创建等分点

利用等分命令可根据等分数值在图形对象的等分位置上放置等分点。可等分的图形元素包括直线、圆、圆弧、椭圆、椭圆弧、多段线和样条曲线等。

1) 命令执行方式

命令行：

DIVIDE 或 DIV

2) 命令格式

命令：

DIVIDE↵
选择要定数等分的对象：(选择等分对象)
输入线段数目或[块(B)]：(输入等分数或选择块插入等分点处)

3) 实例

将一条长为 1000 mm 的直线三等分的步骤如下：

(1) 在命令栏输入快捷键“L”，按 Enter 键或 Space 键执行命令。

(2) 单击鼠标左键在合适的位置点击第一点，在命令栏输入“1000”，按 Enter 键或 Space 键执行命令。

(3) 在命令栏输入快捷键“DIV”，按 Enter 键或 Space 键执行命令。

(4) 选择已经绘制的直线，输入线段数目“3”，按 Enter 键或 Space 键执行命令。

定数等分后的图形对象如图 1-51 所示。

图 1-51　定数等分后的图形对象

4. 创建定距测量点

在图形对象上可按指定距离放置点对象。

1) 命令执行方式

命令行：

　　MEASURE 或 ME

2) 命令格式

命令：

　　MEASURE↵

　　选择要定距等分的对象：(选择要进行定距标记的对象)

　　指定线段长度或[块(B)]：(指定标记长度或插入图块)

3) 实例

将一条长为 1000 mm 的直线进行等分，每一份长为 200 mm。

(1) 在命令栏输入快捷键“L”，按 Enter 键或 Space 键执行命令。

(2) 单击鼠标左键在合适的位置点击第一点，在命令栏输入“1000”，按 Enter 键或 Space 键执行命令。

(3) 在命令栏输入快捷键“ME”，按 Enter 键或 Space 键执行命令。

(4) 选择已经绘制的直线，输入线段长度“200”，按 Enter 键或 Space 键执行命令。

等距等分后的图形对象如图 1-52 所示。

图 1-52　等距等分后的图形对象

1.2.13　图案填充

1. 命令执行方法

(1) 单击“绘图”工具栏上的“图案填充”按钮；

(2) 命令行：

　　HATCH 或 H

执行命令后，系统将打开“边界图案填充”对话框，如图 1-53 所示。该对话框列出三个选项卡、多个命令按钮及单选按钮，用于对图案填充进行相应设置。

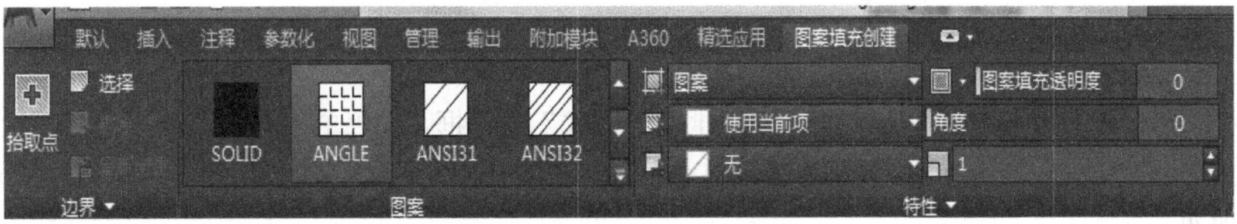

图 1-53　“边界图案填充”对话框

2. 实例

(1) 单击“绘图”工具栏上的“图案填充”按钮，弹出“图案填充和渐变色”的对话框。

(2) 点击“拾取点”按钮，在要进行填充的区域单击鼠标左键，按 Enter 键或 Space 键执行命令。

(3) 点击“图案”后的通道按钮，选择图案，输入比列或角度参数。

(4) 点击“确定”按钮结束命令。

1.2.14　绘制表格

1. 命令执行方法

命令行：

　　TABLESTYLE 或 TS

2. 实例

在 AutoCAD 2018 中文版中创建“标题栏”表格样式。

(1) 启动 TABLESTYLE 命令，打开“表格样式”对话框，如图 1-54 所示。

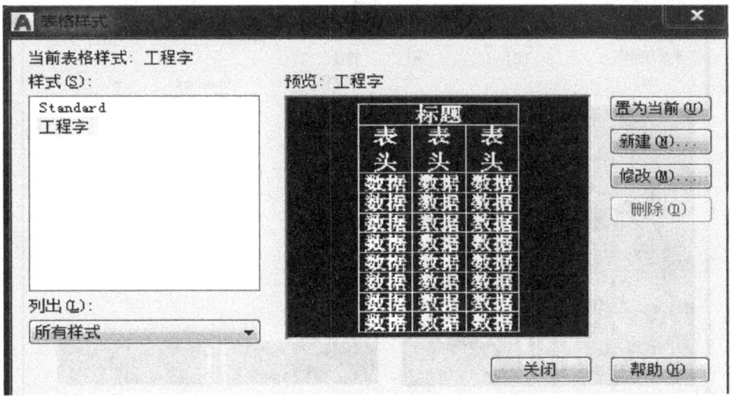

图 1-54　“表格样式”对话框

(2) 单击“新建”按钮，打开“创建新的表格样式”对话框，输入新样式名“标题栏”，如图 1-55 所示。

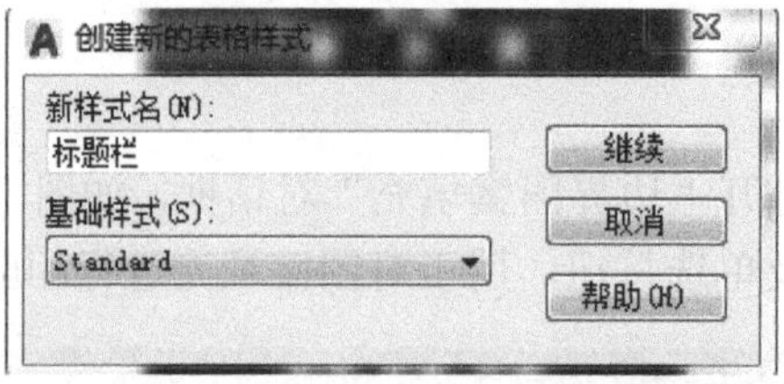

图 1-55　“创建新的表格样式”对话框

(3) 单击“继续”按钮，打开“新建表格样式”对话框，在“单元样式”框中选择“数据”，在“常规”选项卡中设置对齐方式设置为“正中”，垂直页边距设置为 0.5，如图 1-56 所示。

图 1-56　“新建表格样式”对话框常规选项卡

(4) 在“文字”选项卡中将字高设置为 5，如图 1-57 所示。

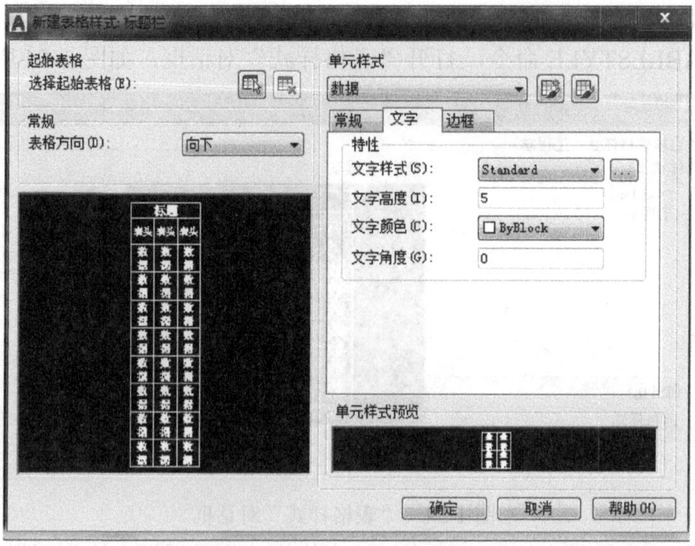

图 1-57　“新建表格样式”对话框文字选项卡

(5) 在“边框”选项卡中将线宽设置为 0.5，然后单击表示表格外边框的按钮。

(6) 将线宽设置为 0.25，然后单击表示表格内边框的按钮。

(7) 在“单元样式”框中选择“表头”，将文字的对正方式、文字样式及字高设置成与数据单元一致。

(8) 在“单元样式”框中选择“标题”，将文字的对正方式、文字样式及字高设置成与数据单元一致。

(9) 单击“确定”按钮，返回“表格样式”对话框。

(10) 选中“标题栏”表格样式，单击“置为当前”→“关闭”按钮。

3. 插入表格

1) 命令执行方式

命令行：

TABLE 或 TB

2) 实例

用“标题栏”表格样式插入一个表格。

(1) 启动 TABLE 命令，打开“插入表格”对话框，如图 1-58 所示。“列和行设置”图中已给出，应注意的是在 AutoCAD 2018 中文版环境下，数据行数为 2。另外，需要将“第一行单元样式”和“第二行单元样式”分别设置为“数据”，这就相当于又增加了 2 行数据行。

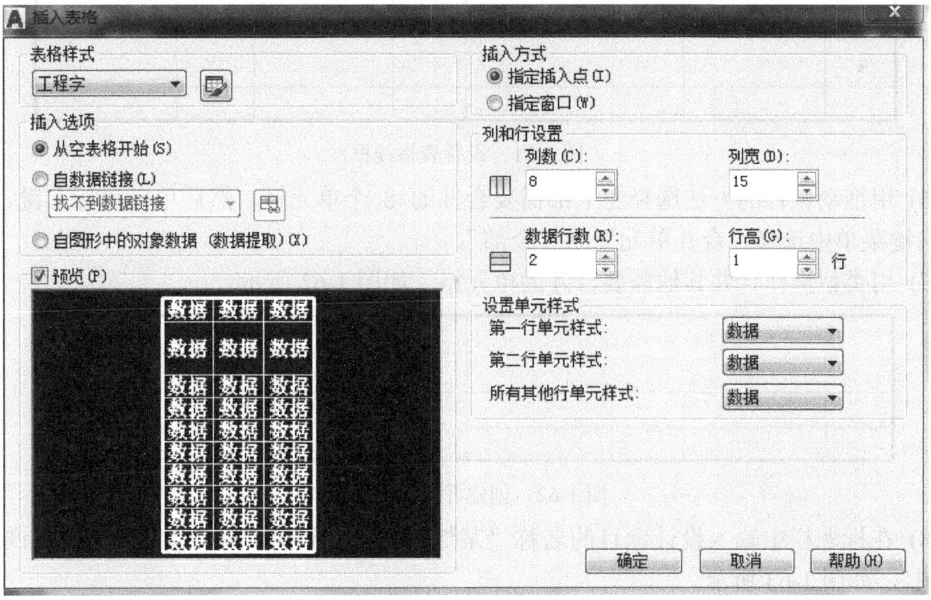

图 1-58　“插入表格”对话框及参数设置

(2) 单击“确定”按钮，然后在屏幕合适位置单击鼠标指定表格插入点，会自动弹出“文字格式”编辑器等待用户输入文字。由于此表格还需要调整，此时可单击“文字格式”工具栏上的“确定”按钮，关闭“文字格式”编辑器，待调整表格后再输入文字。

(3) 从第 1 行第 2 列单元格内开始向下拖动鼠标，选中第 2 列全部四个单元格，如图 1-59 所示。

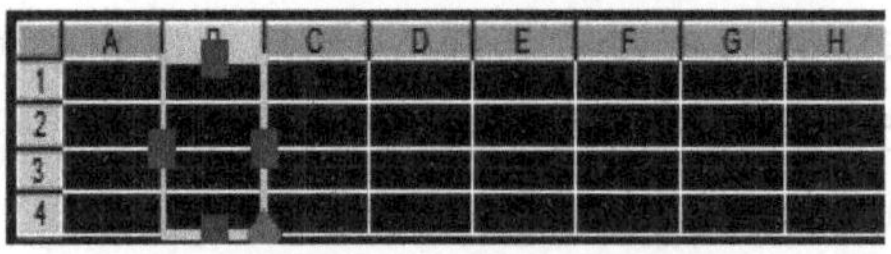

图 1-59　选择单元格

(4) 单击鼠标右键，在弹出的快捷菜单中选择“特性”。在弹出的“特性”对话框中，将单元宽度设置为 30，单元高度设置为 8，如图 1-60 所示。

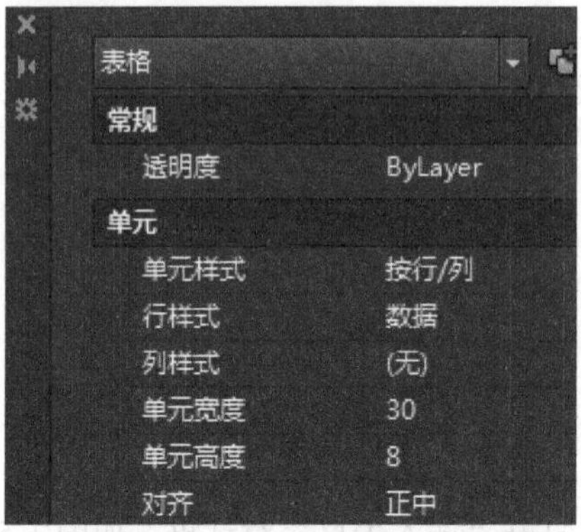

图 1-60　使用[特性]对话框设置单元格行高和列宽

(5) 用类似方法，对 4、6、8 列进行同样的设置，如图 1-61 所示。

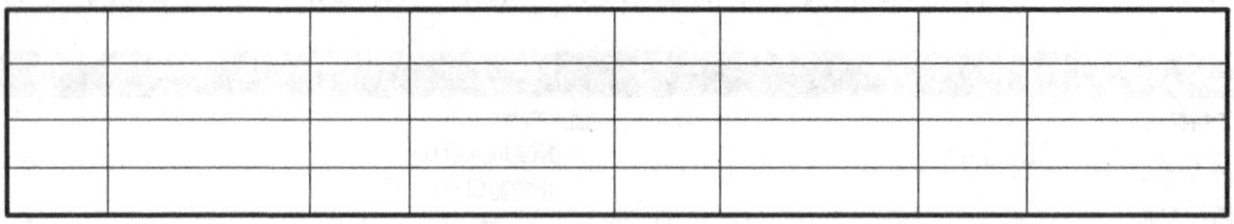

图 1-61　设置表格线框

(6) 用拖动鼠标的方法选择左上部需要合并的 8 个单元格，然后单击鼠标右键，在弹出的右键菜单中选择“合并单元”→“全部”。

(7) 用类似操作合并其他需要合并的单元格，如图 1-62 所示。

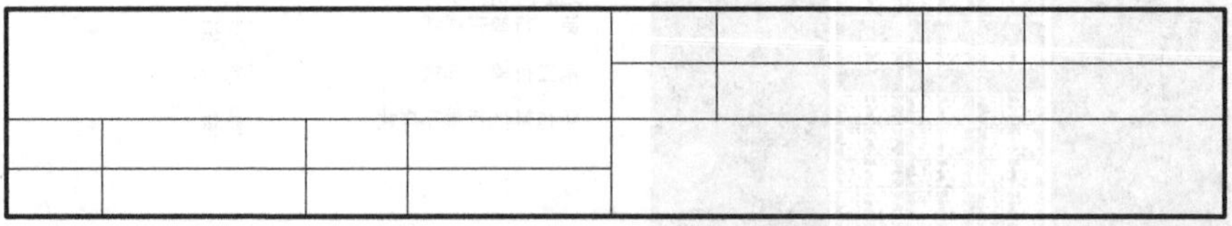

图 1-62　创建好的表格线框

(8) 在标题栏中输入设计题目的名称“某综合楼照明设计”及图名“一单元首层照明平面图”，如图 1-63 所示。

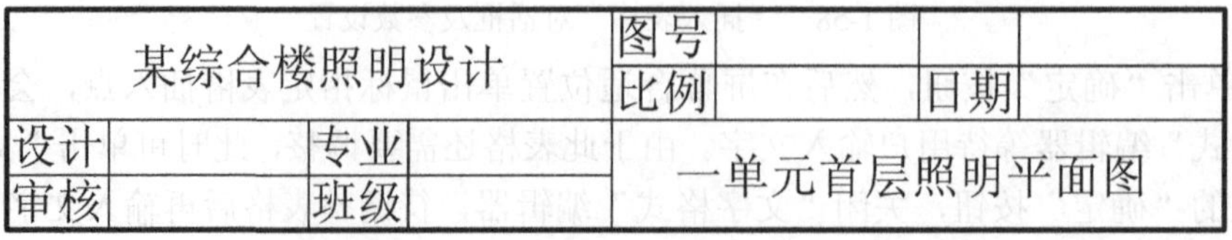

某综合楼照明设计
图号
比例
日期
设计
专业
审核
班级
一单元首层照明平面图

图 1-63　利用文字命令在表格中输入文字

1.2.15　块操作

1. 创建内部块

1) 命令执行方法

(1) 单击“绘图”工具栏上的“块定义”  按钮；

(2) 命令行：

BLOCK 或 B

2) 实例

(1) 单击“绘图”工具栏上的“块定义”  按钮，或在命令栏输入快捷键“B”，按 Enter 键或 Space 键执行命令，弹出如图 1-64 所示的“块定义”的对话框。

(2) 在“名称”下命名。

(3) 点击“拾取点”按钮。

(4) 点击“选取对象”按钮，设置“块单位”为“毫米”。

(5) 按“确定”结束命令。

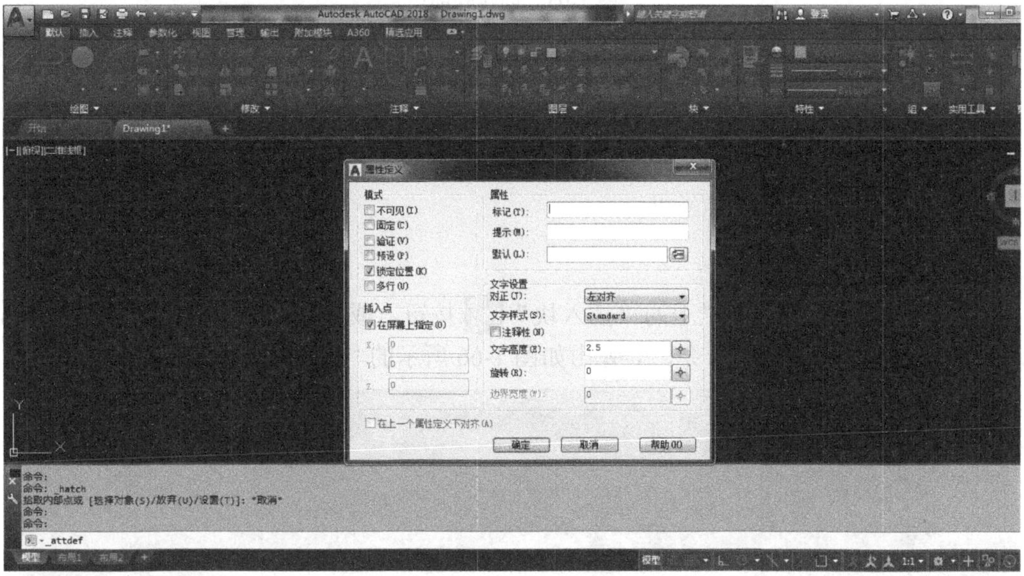

图 1-64　“块定义”对话框

2. 创建外部块

1) 命令执行方法

命令行：

WBLOCK 或 W

2) 实例

(1) 输入 WBLOCK 或快捷键“W”，按 Enter 键或在 Space 键执行命令，会弹出如图 1-65 所示的“写块”对话框。

(2) 在“名称”下命名。

(3) 点击“拾取点”按钮。

(4) 点击“选取对象”按钮，设置“块单位”为“毫米”。

(5) 按“确定”按钮结束命令。

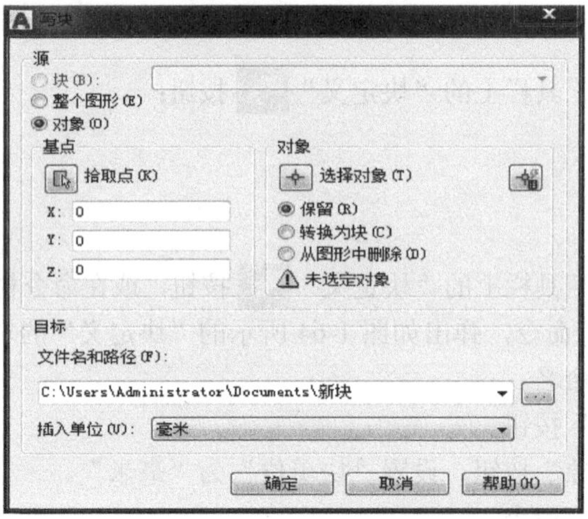

图 1-65　创建外部块

3. 插入块

1) 命令执行方法

(1) 单击“绘图”工具栏上的“插入块” ；

(2) 命令行：

INSERT 或 I

2) 实例

(1) 单击“绘图”工具栏上的“插入块”  按钮，或在命令栏中输入快捷键“I”，按 Enter 键或 Space 键执行命令，会弹出如图 1-66 所示的“插入块”对话框。

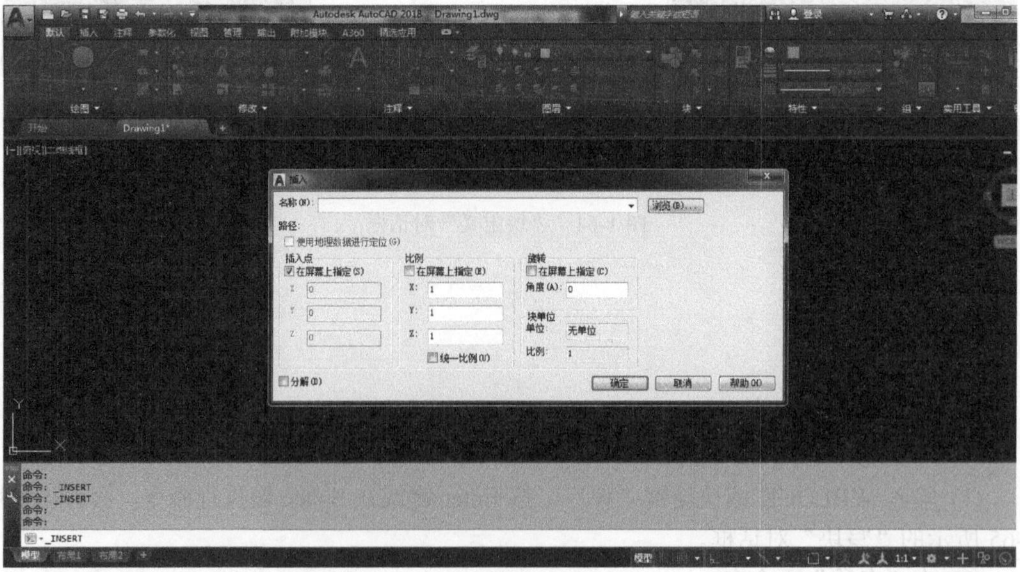

图 1-66　“插入块”对话框

(2) 在“名称”下选择“块”或在“浏览”下选择“块”。

(3) 按“确定”结束命令。

1.3　二维图形编辑

AutoCAD 提供了强大的编辑功能。它能使用户经过对基本图形的组合、编辑，很快地绘制出满意的工程图纸。熟练掌握编辑命令的使用，是灵活、准确、高效地绘制工程图形的关键。

1.3.1　对象选择

AutoCAD 把被编辑的图形称为对象。只要进行编辑操作，用户就必须准确选择对象。

AutoCAD 为方便用户选择对象，提供了仅用鼠标即可操作的几种默认选择方式，即用拾取框选择单个实体对象、窗口方式、交叉窗口方式。此外还提供了适用于一些特殊需要的选择方式，即通过输入选项的方式来确定选择方式。下面介绍几种常用的对象选择方法。

1. 用拾取框选择单个实体对象

(1) 在光标为靶框状态时，用鼠标单击单个图形边界，则该图形以高亮状态显示，表示被选中。

(2) 启动一个编辑命令后，则靶框被一个小正方形取代，这个小正方形称为拾取框。

将拾取框移到要编辑的对象上，单击鼠标，也可选一个对象。一般情况下连续单击多个不同对象的边界，可选择多个对象。

2. 窗口(W)方式与交叉窗口(C)方式

(1) 窗口方式：执行编辑命令时，在“选择对象”提示符下，在合适位置单击鼠标确定第一角点，然后在其右方确定对角点，则包含在上述两点所确定的矩形内的对象被选中。

(2) 交叉窗口方式：执行编辑命令时，在“选择对象”提示符下，在合适位置单击鼠标确定第一角点，然后在其左方确定对角点，则与该窗口相交以及包含在该窗口内的对象均被选中。

图 1-67 是窗口方式与交叉窗口方式选择结果的对比示意图，图 1-67(a)为从 A 至 B 点确定选择窗口，图 1-67(b)为从 B 至 A 点确定选择窗口。

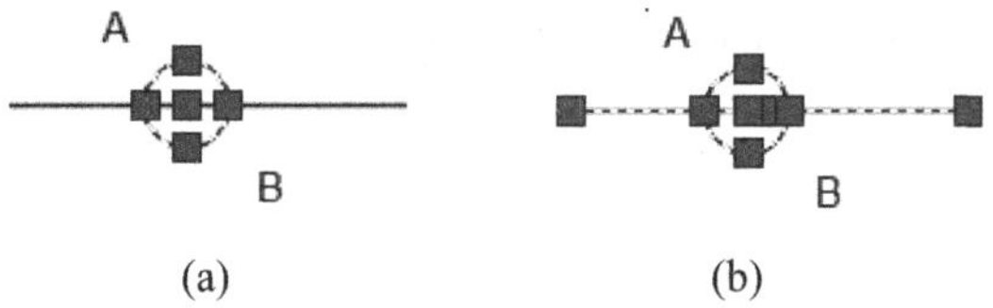

图 1-67　窗口方式与交叉窗口方式选择示意图

3. 全部(ALL)方式

在系统提示选择对象时，输入 A，则除冻结及锁定的图层外，其他层(包括关闭层)上的对象都被选中。

4. 栏选(F)方式

在系统提示选择对象时，输入 F，则命令行提示“指定第一个栏选点”等，依次输入各点，使其形成一条不必封闭甚至可以彼此相交的折线，执行结果是凡与折线相交的对象均被选中。

5. 删除(R)方式与添加(A)方式

在创建了一个选择集后，可以使用删除(R)方式将不需要的对象从选择集中移除，也可以使用添加(A)方式选择新的对象添加到当前选择集。

默认情况下，按住 Shift 键选择已有选择集中的对象，可以将其从选择集中移除，不按住 Shift 键选择对象，可以将其添加至当前选择集。

6. 上一个(Last)方式和前一个(Previous)方式

在系统提示选择对象时，输入 L，则可以选择最近创建的对象；输入 P，则可以选择上一次选择的对象。

7. 循环选择

循环选择方式一般用于选择被其他线条覆盖而不易被其他方式选择的对象。若需要在二维重叠的对象之间循环选择，应将光标置于最前面的对象上，然后按住 Shift 键并反复按空格键。若需要在三维实体上的重叠子对象(面、边和顶点)之间循环选择，应将光标置于最前面的子对象之上，然后按住 Ctrl 键并反复按空格键。

1.3.2 删除

1. 命令执行方法

命令行：

ERASE 或 E

2. 实例

(1) 命令行输入“ERASE”或快捷键“E”，按 Enter 键或 Space 键执行命令。

(2) 在工作区域内选择要删除的对象，按 Enter 键或 Space 键结束命令。

1.3.3 复制

1. 命令执行方法

(1) 单击“修改”工具栏上的“复制” 按钮；

(2) 命令行：

COPE 或 CO

2. 实例

绘制多个圆形，已知圆的半径为 20。

(1) 画一个半径为 20 的圆，单击“修改”工具栏上的“复制”按钮，或输入快捷键“CO”，按 Enter 键或 Space 键执行命令。

(2) 在工作区域内选择要复制的对象，指定一个基点，指定新物体的位置，按 Enter 键或 Space 键执行命令即可。

最后得到的圆形如图 1-68 所示。

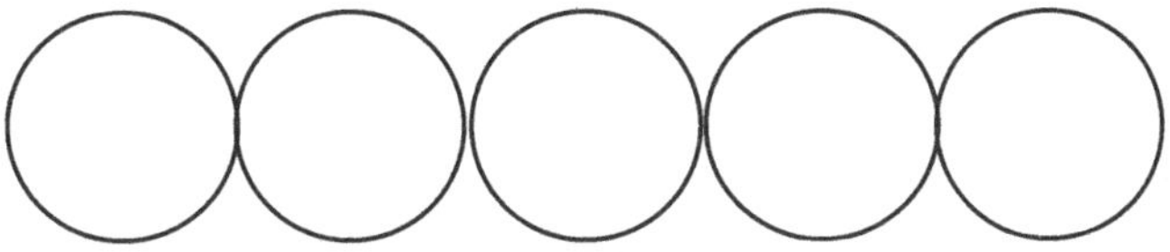

图 1-68　绘制多个圆

要点提示：在执行“复制”命令时，是进行多次复制，如果复制的数量达到理想结果时只需要按 Enter 键或 Space 键执行命令即可。

1.3.4　镜像

1. 命令执行方法

(1) 单击“修改”工具栏上的“镜像”按钮；

(2) 命令行：

MIRROR 或 MI

2. 实例

绘制如图 1-69 所示两个对称的三角形。

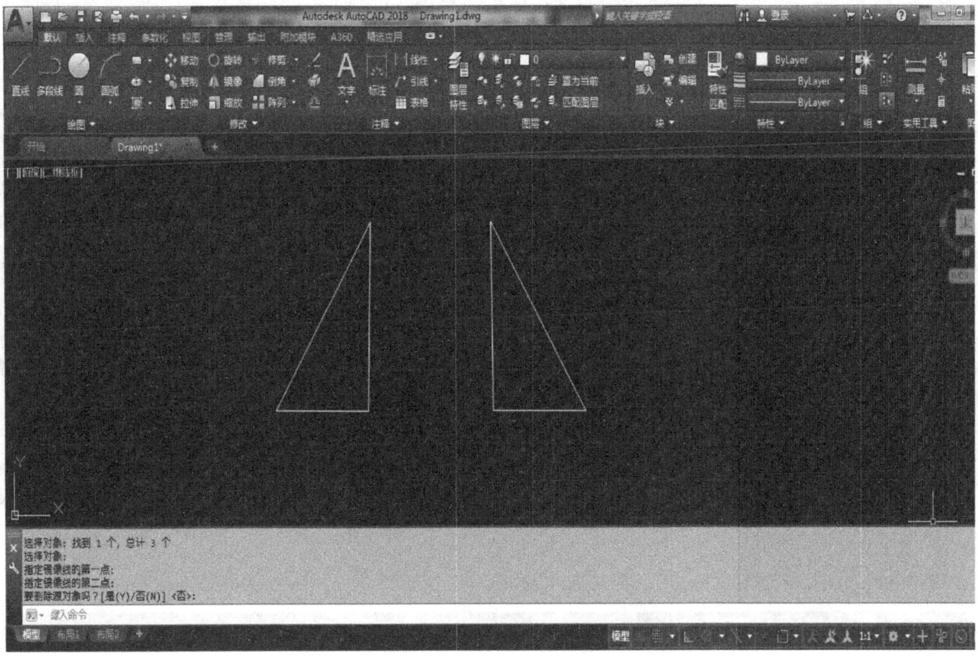

图 1-69　绘制镜像三角形

(1) 单击“修改”工具栏上的“镜像”按钮，或输入快捷键“MI”，按 Enter 键或 Space 键执行命令。

(2) 选择要镜像的对象，按 Enter 键或 Space 键执行命令。

(3) 指定镜像的第一点，指定镜像的第二点。要删除源对象选择代表“是”的字母“Y”，不删除源对象选择代表“否”的字母“N”。

1.3.5　偏移

1. 命令执行方法

(1) 单击“修改”工具栏上的“偏移”按钮；

(2) 命令行：

OFFSET 或 O

2. 实例

偏移一条直线，向下偏移 500。

(1) 单击“修改”工具栏上的“偏移”按钮，或者输入快捷键“O”，按 Enter 键或 Space 键执行命令。

(2) 指定要偏移的距离，在工作区域内选择要偏移的对象。

(3) 指定偏移的位置，按 Enter 键或 Space 键结束命令。

偏移前后的直线如图 1-70 和图 1-71 所示。

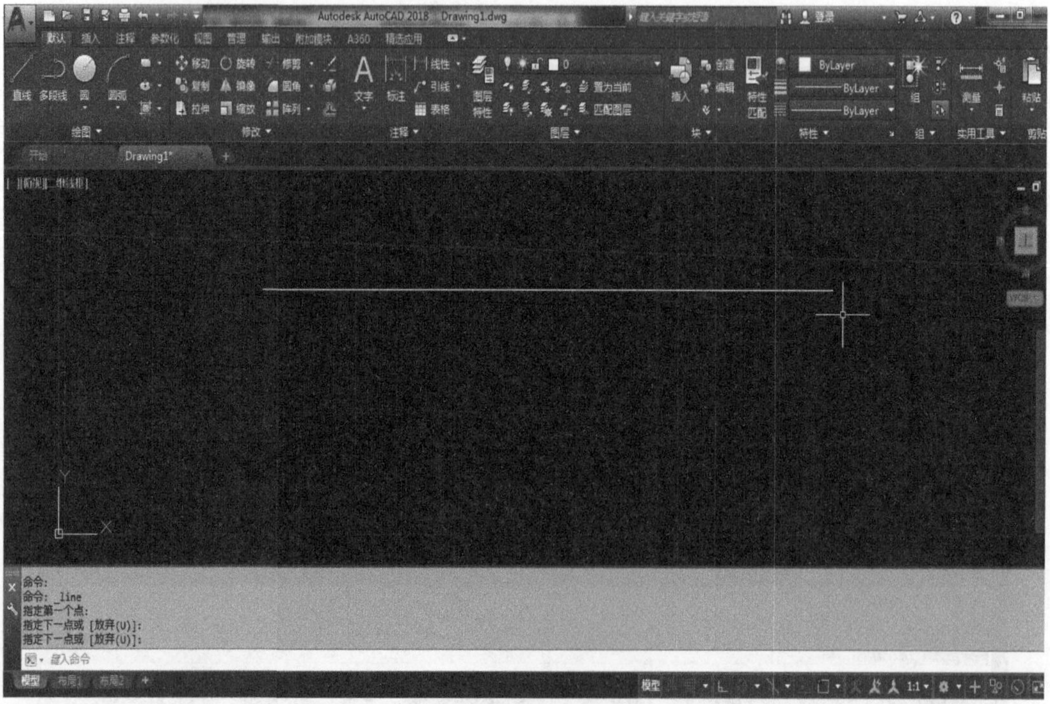

图 1-70　偏移前

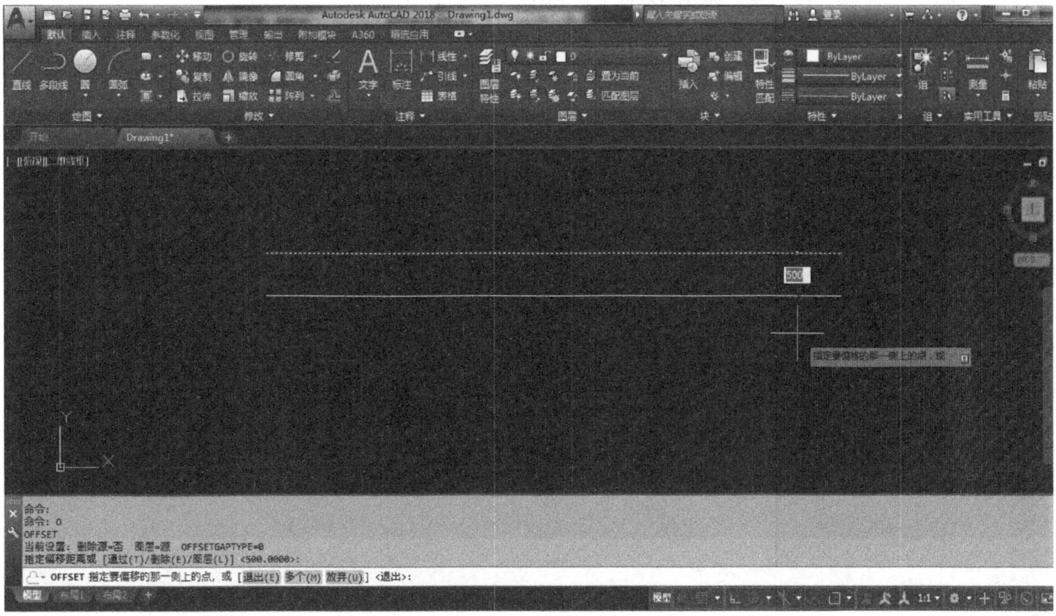

图 1-71　偏移后

要点提示：执行“偏移”命令可以进行重复偏移。如果偏移达到理想效果可按 Enter 键或 Space 键结束命令。

1.3.6　阵列

阵列的方式有矩形和环形两种。

1. 矩形阵列

矩形阵列就是把所选对象复制成类似于矩阵的排列方式。

1) 命令执行方法

单击“修改”工具栏中的“矩形阵列”按钮。

2) 实例

(1) 使用“圆”命令绘制一个半径为 6 的圆。

(2) 单击“修改”工具栏“矩形阵列”按钮，启动矩形阵列命令，在“矩形阵列”对话框中，设置行数为 3、列数为 4、行偏移为 15、列偏移为 20，如图 1-72 所示。

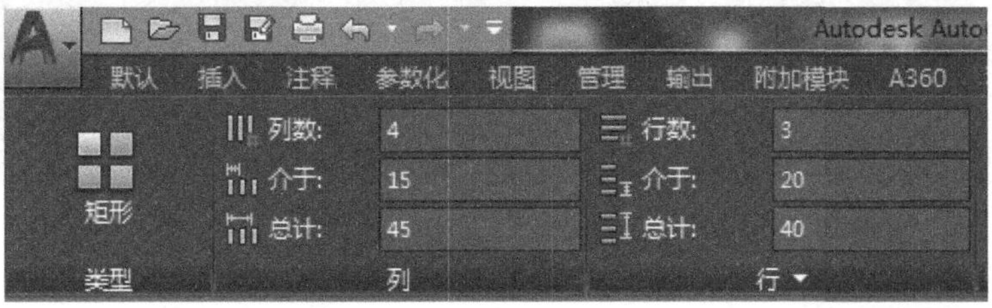

图 1-72　“矩形阵列”对话框

(3) 按 Enter 键或 Space 键结束命令，如图 1-73 所示。

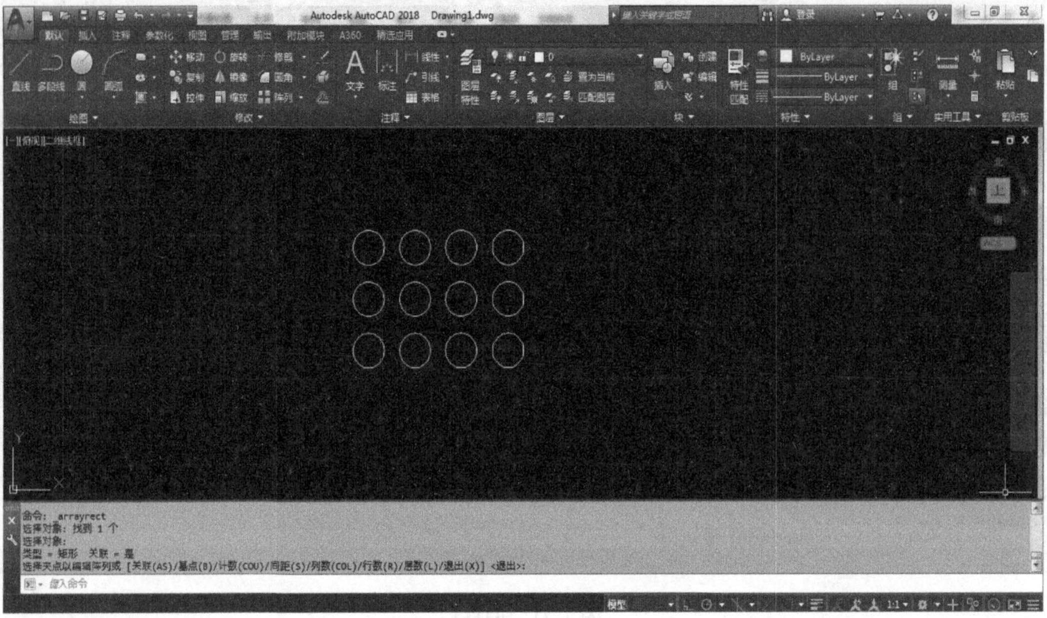

图 1-73　矩形阵列效果图

2. 环形阵列

环形阵列命令可将所选对象按圆周等距离复制，但需要提供阵列后生成的拷贝总数(包括源对象)、图形所占圆周对应的圆心角等。

1) 命令执行方法

单击“修改”工具栏“环形阵列” 按钮。

2) 实例

(1) 画一个半径为 100 的圆。

(2) 以圆心为起点，画一条射线。

(3) 单击“修改”工具栏“环形阵列” 按钮，启动环形阵列命令，在“环形阵列”对话框中，设置“项目总数”为 30，“填充角度”为 360，如图 1-74 所示。

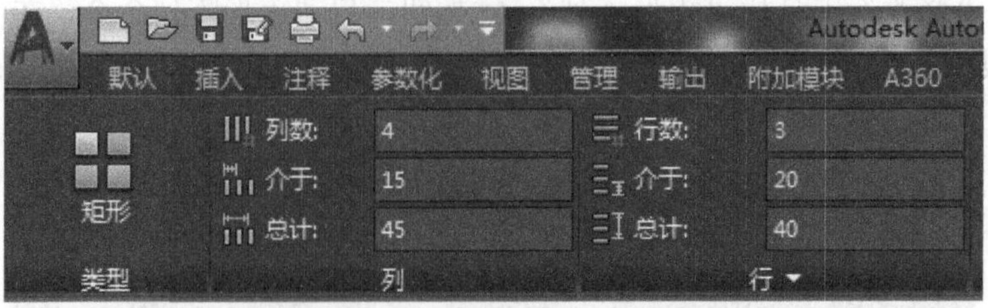

图 1-74　“环形阵列”对话框

(4) 按 Enter 键或 Space 键结束命令，如图 1-75 所示。

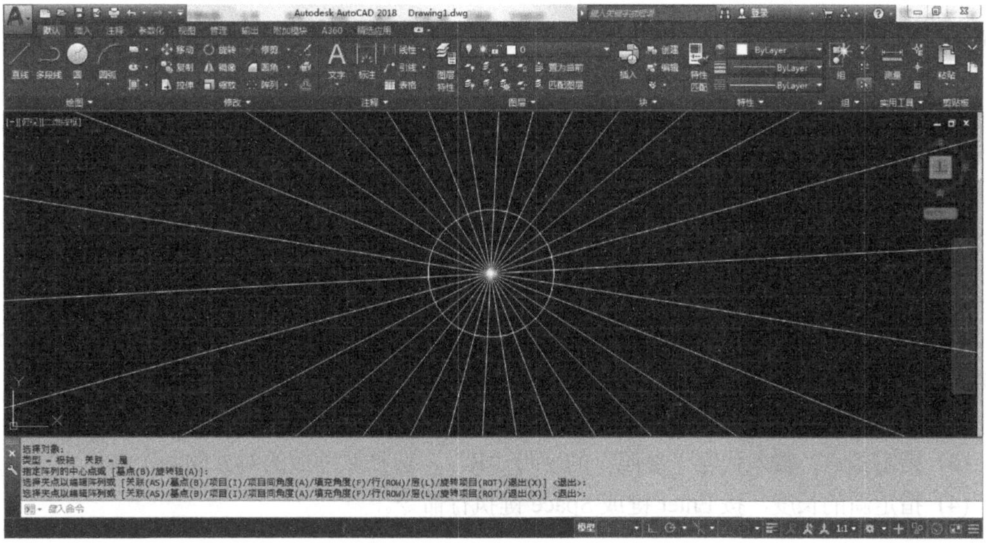

图 1-75　环形阵列效果图

1.3.7　移动

1. 命令执行方法

(1) 单击“修改”工具栏上的“移动”按钮；

(2) 命令行：

MOVE 或 M

2. 实例

(1) 单击“修改”工具栏上的“移动”按钮，或输入快捷键“M”，按 Enter 键或 Space 键执行命令。

(2) 在工作区域内选择要移动的对象，按 Enter 键或 Space 键执行命令。

(3) 指定一个基点→将物体移动到需要的位置即可。

1.3.8　旋转

1. 命令执行方法

(1) 单击“修改”工具栏上的“旋转”按钮；

(2) 命令行：

ROTATE 或 RO

2. 实例

(1) 单击“修改”工具栏上的“旋转”按钮，或输入快捷键“RO”，按 Enter 键或 Space 键执行命令。

(2) 在工作区域内选择要旋转的对象，按 Enter 键或 Space 键执行命令即可。

要点提示：在执行“旋转”命令时，如无法确定具体旋转角度只要将“正交”命令打开即可每一次以 90° 旋转物体。

1.3.9　缩放

1. 命令执行方法

(1) 单击“修改”工具栏上的“缩放”按钮；

(2) 命令行：

SCALE 或 SC

2. 实例

(1) 单击“修改”工具栏上的“缩放”按钮，或输入快捷键“SC”，按 Enter 键或 Space 键执行命令。

(2) 选择缩放的对象，按 Enter 键或 Space 键执行命令。

(3) 指定基点，输入代表“参照”的字母“R”，选择要缩放的对象的两个端点。

(4) 指定新的长度，按 Enter 键或 Space 键执行命令。

1.3.10　修剪

1. 命令执行方法

(1) 单击“修改”工具栏上的“修剪”按钮；

(2) 命令行：

TRIM 或 TR

2. 实例

修剪成如图 1-77 所示图形。

(1) 单击“修改”工具栏上的“修剪”按钮，或输入快捷键“TR”，按 Enter 键或 Space 键执行命令。

(2) 指定所有相关的对象，按 Enter 键或 Space 键执行命令。

(3) 指定要修剪的对象，按 Enter 键或 Space 键结束命令。

修剪前、后如图 1-76 和图 1-77 所示。

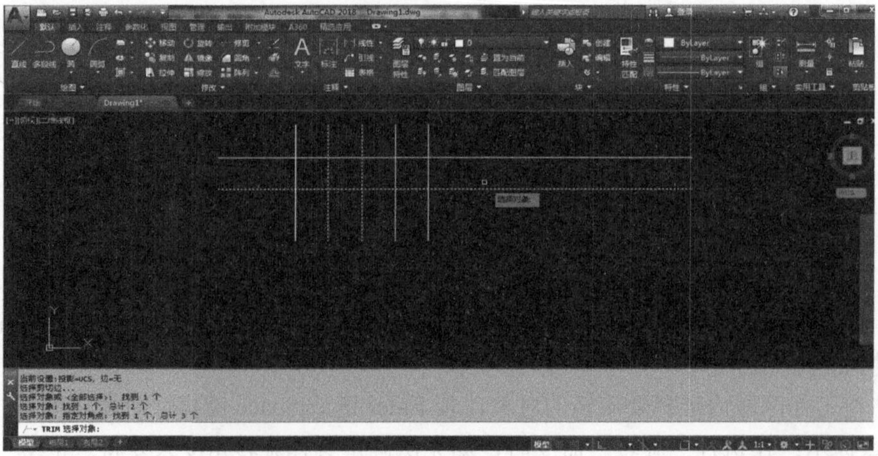

图 1-76　修剪前

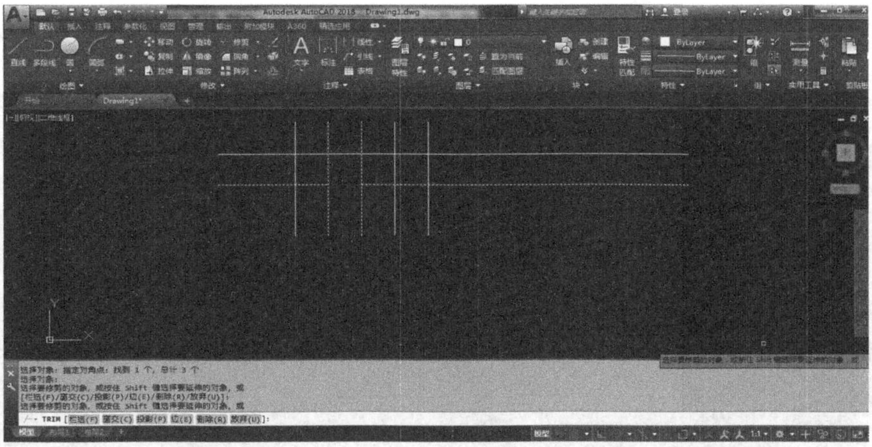

图 1-77　修剪后

1.3.11　延伸

1. 命令执行方法

(1) 单击“修改”工具栏上的“延伸”按钮；

(2) 命令行：

EXTEND 或 EX

2. 实例

延伸的对象如图 1-78 所示，具体延伸步骤如下：

(1) 单击“修改”工具栏上的“延伸”按钮，或输入字母“EX”，按 Enter 键或 Space 键执行命令。

(2) 指定被延伸的对象，按 Enter 键或 Space 键执行命令。

(3) 指出要延伸的对象即可。

延伸前、后如图 1-78 和图 1-79 所示。

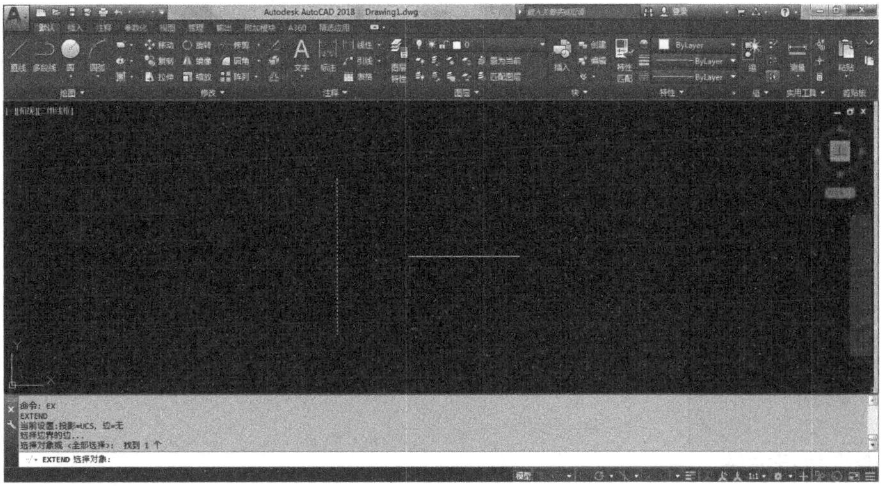

图 1-78　延伸前

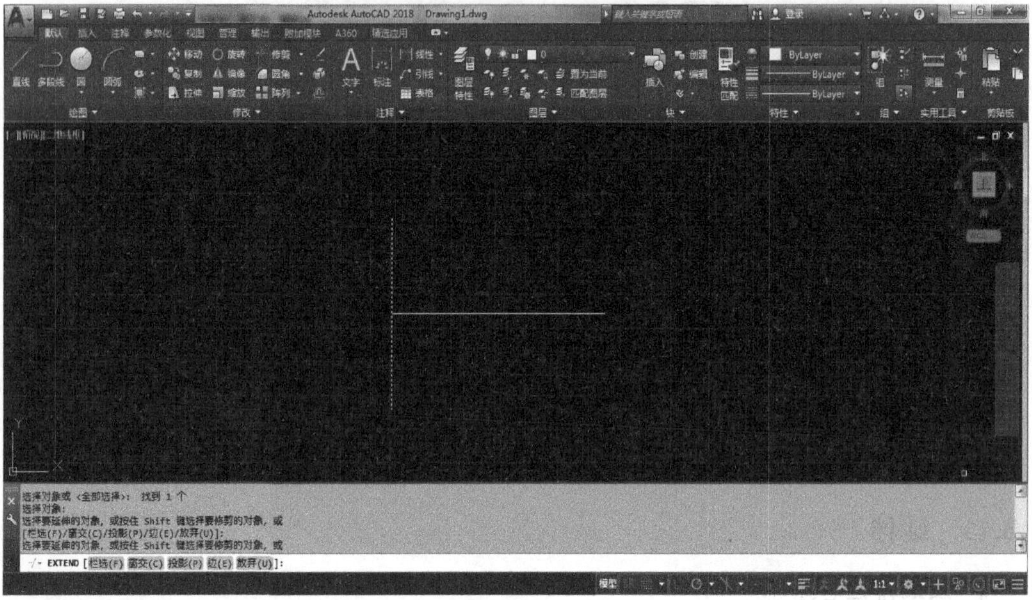

图 1-79　延伸后

要点提示：“修剪”命令与“延伸”命令可以用 Shift 键切换，即在进行“指定要修建的对象”以及进行“指定要延伸的对象”时按住 Shift 键即可切换。

1.3.12　打断于点与打断

1. 打断于点命令

1) 命令执行方法

单击“修改”工具栏上的“打断于点”按钮。

2) 实例

单击“修改”工具栏上的“打断于点”按钮，选择要打断于点的对象，选择要打断的点即可。

2. 打断命令

1) 命令执行方法

单击“修改”工具栏上的“打断”按钮。

2) 实例

(1) 单击“修改”工具栏上的“打断”按钮，按 Enter 键或 Space 键执行命令。

(2) 选择要打断的对象，输入代表“第一点”的字母“F”。

(3) 指定第一个打断点，指定第二个打断点即可。

1.3.13　倒角

1. 命令执行方法

(1) 单击“修改”工具栏上的“倒角”按钮；

(2) 命令行：

CHAMFER 或 CHA

2. 实例

将 5000 mm × 3000 mm 的矩形的长边做倒角值为 300 mm，宽边做倒角值为 500 mm。

(1) 单击“修改”工具栏上的“倒角” 按钮，或输入快捷键“CHA”，按 Enter 键或 Space 键执行命令。

(2) 输入代表“距离”的字母“D”，指定第一个倒角距离 300，按 Enter 键或 Space 键执行命令。

(3) 指定第二个倒角距离 500。

(4) 选择第一条直线为矩形的长，选择第二条直线为矩形的宽即可，如图 1-80 所示。

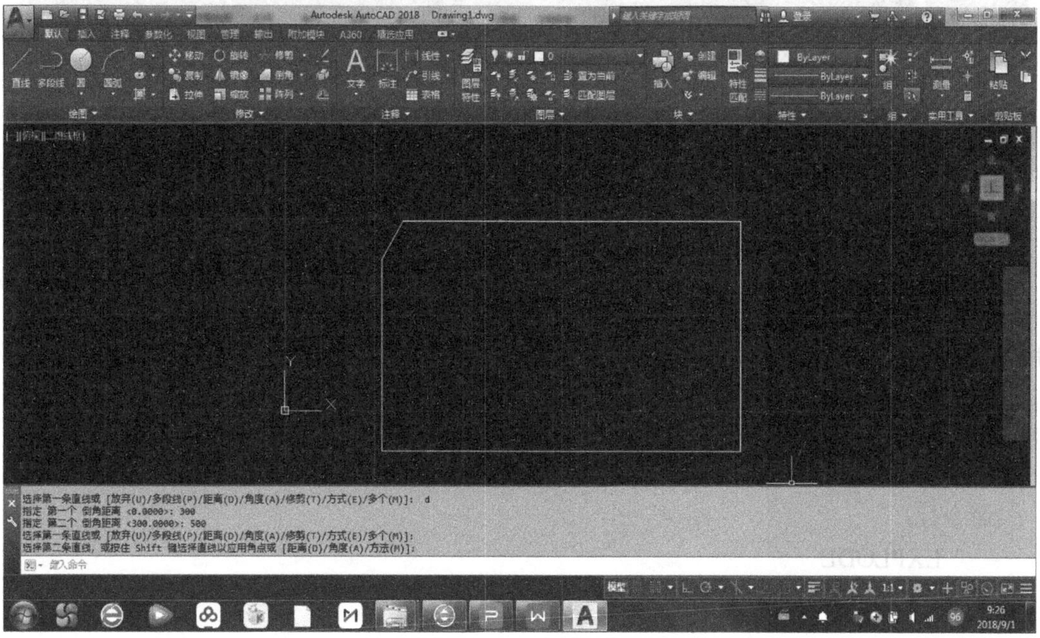

图 1-80　倒角

1.3.14　圆角

1. 命令执行方法

(1) 单击“修改”工具栏上的“圆角” 按钮；

(2) 命令行：

FILLET 或 F

2. 实例

将 5000 mm × 3000 mm 矩形的角做圆角，圆角值为 800 mm。

(1) 单击“修改”工具栏上的“圆角” 按钮，或者输入快捷键“F”，按 Enter 键或 Space 键执行命令。

(2) 输入代表“半径”的字母“R”，指定圆角半径，按 Enter 键或 Space 键执行命令。

(3) 选择第一个对象，选择第二个对象即可，如图 1-81 所示。

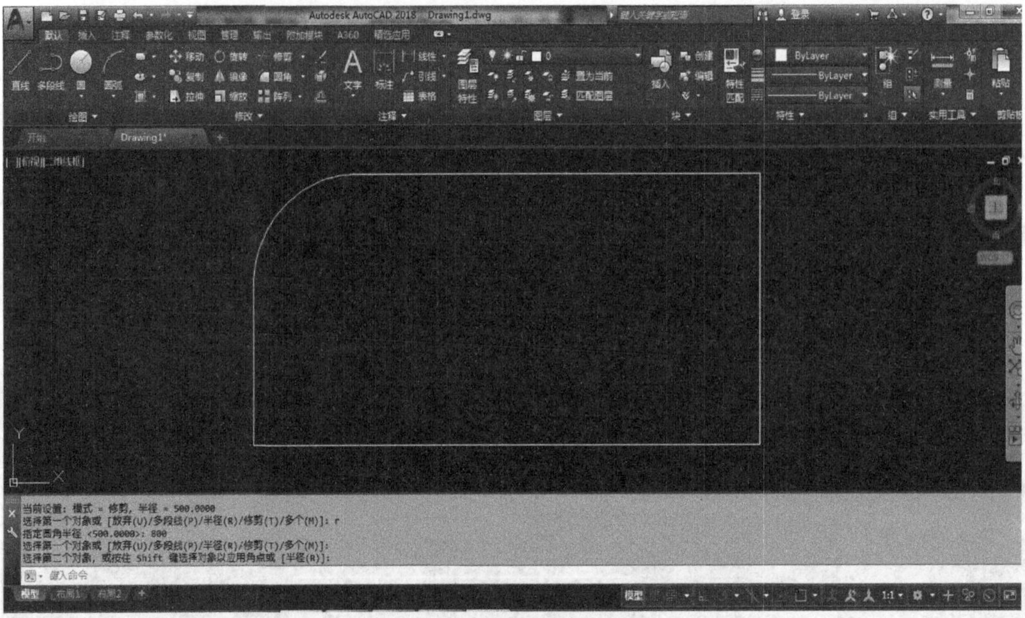

图 1-81　圆角

1.3.15　分解

绘图过程中，经常用到分解命令。例如用等分矩形、分解图块的方式来进行编辑等。

1. 命令执行方法

命令行：

EXPLODE

2. 实例

(1) 命令行输入 EXPLODE，按 Enter 键或 Space 键执行命令。

(2) 选择要分解的对象，按 Enter 键或 Space 键执行命令即可。

1.4　创建文字与编辑文字

一个完整的工程图设计，通常分为绘图、注释、布局和打印四个阶段。单靠一张按精确比例绘制的图形，往往不能准确传达设计师的意图，这就需要设计师在注释阶段添加文字、数字、表格及其他符号以表达设计对象的尺寸大小、型号规格，来说明设计的构成等信息。

1.4.1　文字样式

文字样式设置了文字的特性。在一幅图中可以定义多种文字样式(例如字体、宽度、高度和其他的文字效果)，供不同情况下选用。AutoCAD 支持其专用的形字体(SHX)文件，同时也支持 Windows 系统自带的 Ture Type 字体。

建立文字样式的方法如下：

单击图 1-82 所示的“文字样式”对话框中的“新建”按钮，系统会弹出“新建文字样式”对话框，如图 1-83 所示。AutoCAD 会自动建立名为“样式 n”的样式名(n = 1，2，3，…)，用户可以直接采用此样式；若不采用此样式，则可以在“样式名”文本框中输入自己定义的样式名。样式名的长度可达 255 个字符，包含字母、数字以及某些特殊字符。

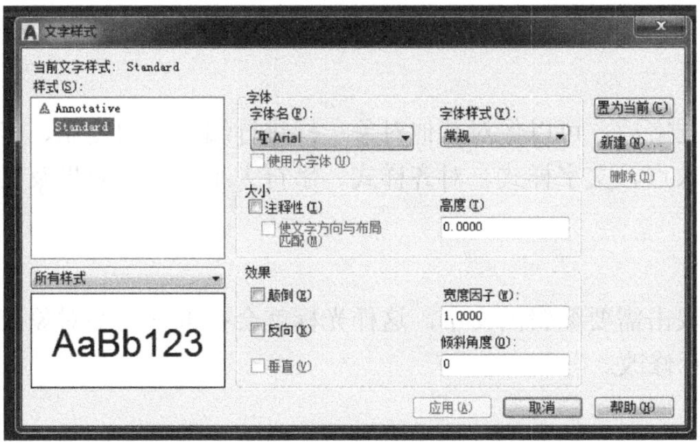

图 1-82　“文字样式”对话框

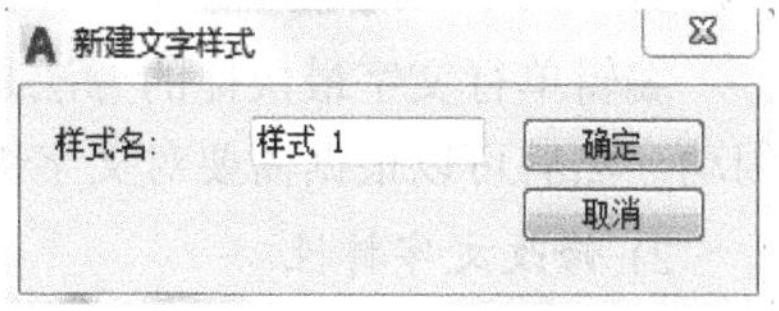

图 1-83　“新建文字样式”对话框

在“样式名”文本框中输入新的文字样式名后，单击“确定”按钮即可创建新文字样式。如果对文字样式进行了改变，则可以选择“应用”按钮存储变化结果。用户虽然可以在一张图纸中建立多种文字样式，但只能选择其中一种作为当前文字样式。

1.4.2　单行文字

使用 DTEXT 命令(单行文字)输入文字时，可以立刻在屏幕上看到所输入的文字。若单纯输入字数较少的文字，且不会用到特殊的字符时，可以使用 DTEXT 命令来完成图形文字工作。

1. 单行文字的创建

1) 命令执行方式

(1) 单击工具栏中的“注释”→“文字”→“单行文字”选项；

(2) 命令行：

DTEXT 命令或 DT

2) 实例

以“起点”方式使用宋体标注“单行文字”这 4 个字，并说明单行文字的创建方法。

操作过程如下：

(1) 输入命令“DTEXT↵”。

(2) 选择当前文字样式为 standard，当前文字高度为 2.5000。

(3) 指定文字的起点或[对正(J)/样式(S)]：(鼠标指定一个点)

(4) 指定文字的高度<2.5000>：2.5

(5) 指定文字的旋转角度<0>：30

输入文字“单行文字”，执行后的结果如图 1-84 所示。

图 1-84　单行文字创建

2. 单行文字的编辑

在使用“单行文字”命令创建文字后，可以像对其他对象一样进行编辑，如复制、移动、旋转等，还可以修改文字的插入点、文字样式、对齐样式、字符大小、方位效果及文字内容。

1) 文字的编辑

编辑单行文字最快捷的方法是双击需要编辑的文字，这样光标就会在单行文字对象处闪动，然后可以根据需要对文字进行修改。

2) 修改文字特性

用户可以使用对象特性管理器来修改文字的多种特性。选中需要修改特性的文字，单击鼠标右健，从弹出的快捷菜单中选中“特性”选项，弹出“特性”窗口，如图 1-85 所示，用户可以根据“特性”窗口的内容对文字特性进行相应的修改。

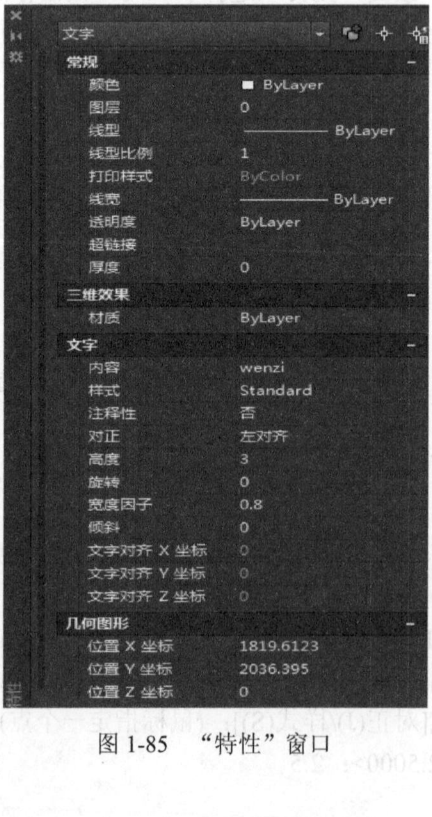

图 1-85　“特性”窗口

1.4.3　多行文字

MTEXT(多行文字)命令与 DTEXT 命令的不同之处在于：用 DTEXT 命令输入文字后可以马上显示结果；而用 MTEXT 命令输入文字时则要将文字全部输入后才能显示出来。和 DTEXT 命令相比，用 MTEXT 命令处理大量文字会更有效率。MTEXT 命令可以写出可多行编辑的文字串，以此命令写成的文字串称为 MTEXT 图素。这种性质的文字串在移动和复制的速度上较传统的用 DTEXT 命令输入的文字稍快且更容易编辑。当要输入的文字很多或者会用到一些特殊的字符时，建议使用 MTEXT 命令来完成为图形创建文字的工作。

1. 多行文字的创建

执行“多行文字”命令后，可以使用鼠标在文字输入位置指定文字输入的矩形区域，然后拉出一矩形框，单击“确定”按钮后，弹出“多行文字编辑器”对话框。该对话框包括“文字格式”工具栏和文字编辑器。

“文字格式”工具栏提供了常用的文字格式调整工具。文字编辑器用于输入文字对象。用户可以根据需要对文字格式进行相应设置，在文字编辑区单击鼠标右键，可弹出多行文字编辑快捷菜单，选择“对正”选项后弹出对齐方式下拉菜单，可选择文字在文字输入区域的对齐方式；也可在文字输入区域内输入文字；还可对文字的大小、字体、效果等进行修改。

2. 多行文字的编辑

对于 AutoCAD 2018 的基本图形对象，前面所介绍的一般编辑操作仍然适用于多行文字的编辑。在单行文字编辑中使用的一些命令也同样适用于多行文字的编辑。

当用户选择编辑的文字对象是多行文字时，AutoCAD 2018 会弹出“多行文字编辑器”对话框。在该对话框中，可以方便地对多行文字进行设置，如设置字体、高度、加粗、倾斜等。

对多行文字对象还可以先分解再进行有关的编辑，而单行文字是 AutoCAD 2018 的基本图形对象，不能分解。

多行文字分解后，每一行文字都可以转化为一个独立的单行文字对象，同一行不同样式的文字也可以转化为不同的单行文字对象，如图 1-86 所示。

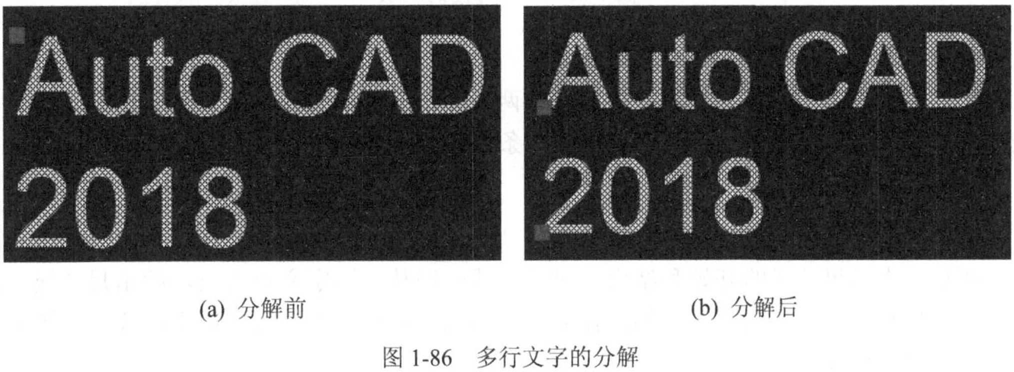

(a) 分解前　　(b) 分解后

图 1-86　多行文字的分解

1.5 尺 寸 标 注

AutoCAD 2018 提供了强大的尺寸标注功能，可为用户节省宝贵的时间，减少绘图的错误。用户在绘制图形时能够方便地利用工具栏、下拉菜单或命令标注图形，或者修改已经存在的标注对象。AutoCAD 2018“标注”工具栏如图 1-87 所示。

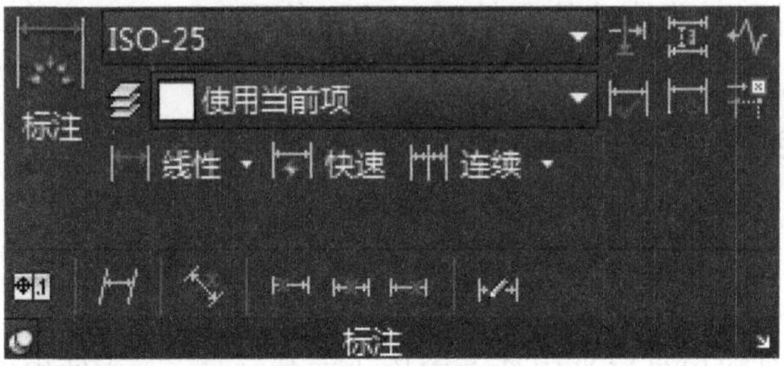

图 1-87　“标注”工具栏

1.5.1 基本概念

一个完整的尺寸标注由尺寸线、尺寸界线、尺寸箭头和尺寸文本等 4 部分组成(如图 1-88 所示)，有时还包括圆心标记、引线和标注定义点。通常 AutoCAD 把尺寸的尺寸线、尺寸界限、尺寸箭头、尺寸文本以块的形式放在图形文件中，一个尺寸为一个对象。

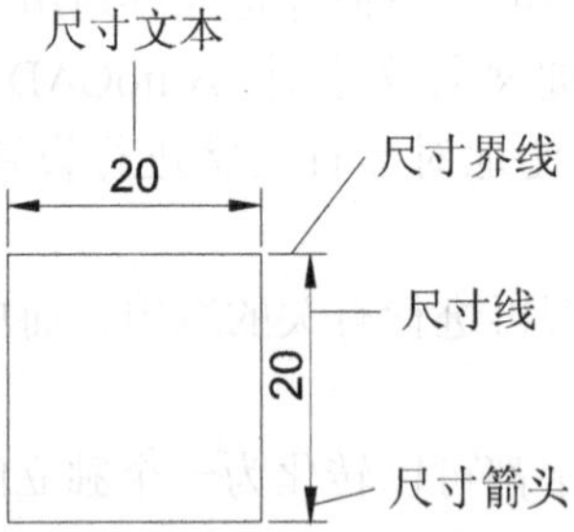

图 1-88　尺寸标注的组成

1. 尺寸线

尺寸线可以是一条两端带箭头的线段或两条带单箭头的线段。进行角度标记时，尺寸线是两端带箭头的一条弧线或带单箭头的两条弧线。

2. 尺寸界线

为了标注清晰，可以使用尺寸界线将尺寸引到实体之外。尺寸界线通常出现在标注对象的两端，表示尺寸线的开始和结束。尺寸界线一般从标注定义点引出，超出尺寸线一定的距离，将尺寸线标注在图形之外。在复杂图形的尺寸标注中，可以用中心线或者图形轮廓线代替尺寸界线。

3. 尺寸箭头

尺寸箭头用来指定尺寸线的两端。它通常出现在尺寸线与尺寸界线的两个交点上，表示尺寸线的起始位置以及尺寸线相对于图形实体的位置。AutoCAD 提供了多种箭头供用户选择，机械制图中多使用实心箭头，工程制图中多使用斜线来代替箭头。

4. 尺寸文本

尺寸文本用来标明两个尺寸界线之间的距离或角度。它可以是带公差的尺寸。

5. 圆心标记

圆心标记是一个短小的十字形交叉线，用来表示圆或圆弧的中心位置。

6. 引线

引线用来指引注释性文字，一般由箭头和两条成一定角度的线段组成。

7. 标注定义点

标注定义点是用户标注图形对象的端点，也可以作为尺寸界线的端点。标注定义点是隐形的，当拾取尺寸标注整体对象时，标注定义点会作为夹点显示出来，可以使用夹点编辑进行操作。

1.5.2 尺寸标注的步骤

在 AutoCAD 2018 中，创建尺寸标注通常是先创建标注样式，再进行尺寸标注的。尺寸标注的步骤如下：

(1) 打开菜单中的“标注”→“标注样式”选项，系统会弹出“标注样式管理器”对话框，如图 1-89 所示。

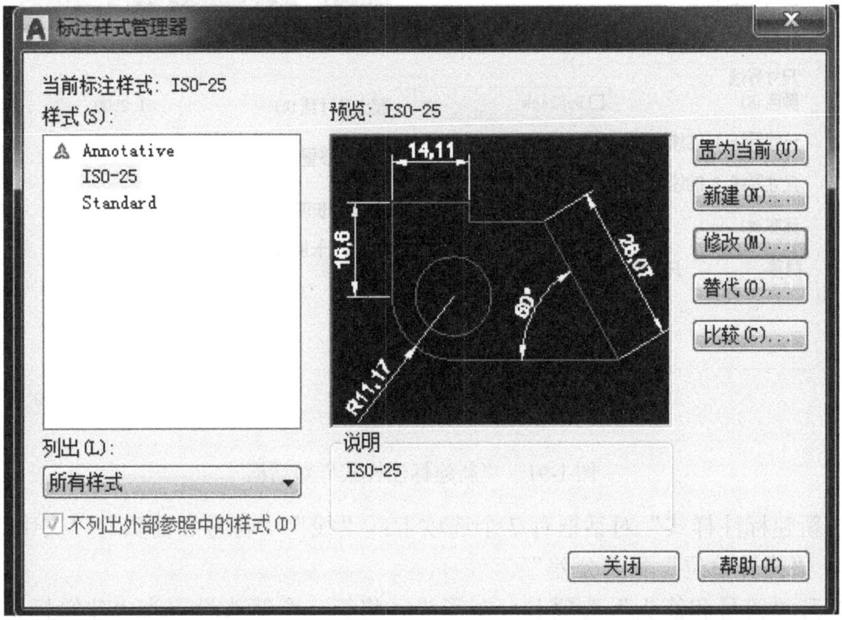

图 1-89　“标注样式管理器”对话框

(2) 在“标注样式管理器”对话框中，单击“新建”按钮，系统会弹出“创建新标注样式”对话框；在“新样式名”文本框中输入新的样式名“副本 ISO-25”，如图 1-90 所示；单击“继续”按钮，激活“新建标注样式”对话框，如图 1-91 所示。

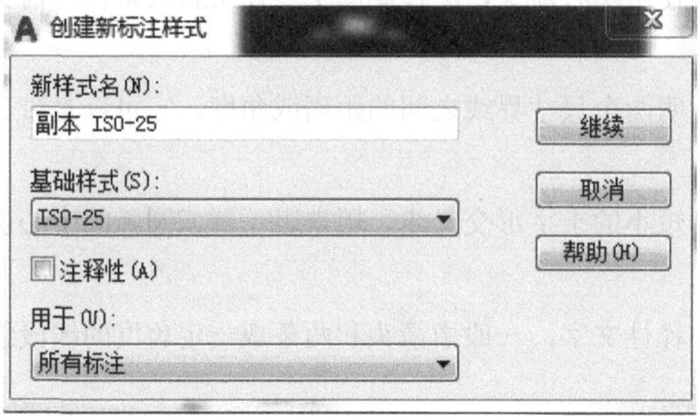

图 1-90　“创建新标注样式”对话框

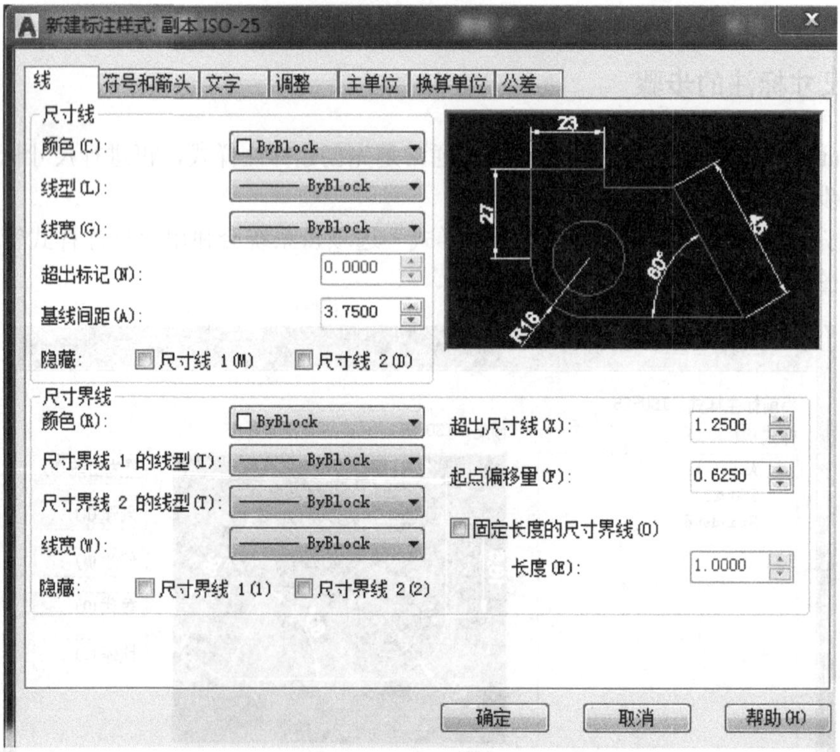

图 1-91　“新建标注样式”对话框

(3) “新建标注样式”对话框有 7 个选项卡：“线”“符号和箭头”“文字”“调整”“主单位”“换算单位”和“公差”。

(4) 打开“符号和箭头”选项卡，在箭头区将第一个箭头设置为“建筑标记”，第二个箭头自动与第一个箭头相匹配，然后将箭头大小设置为 3.5，如图 1-92 所示。

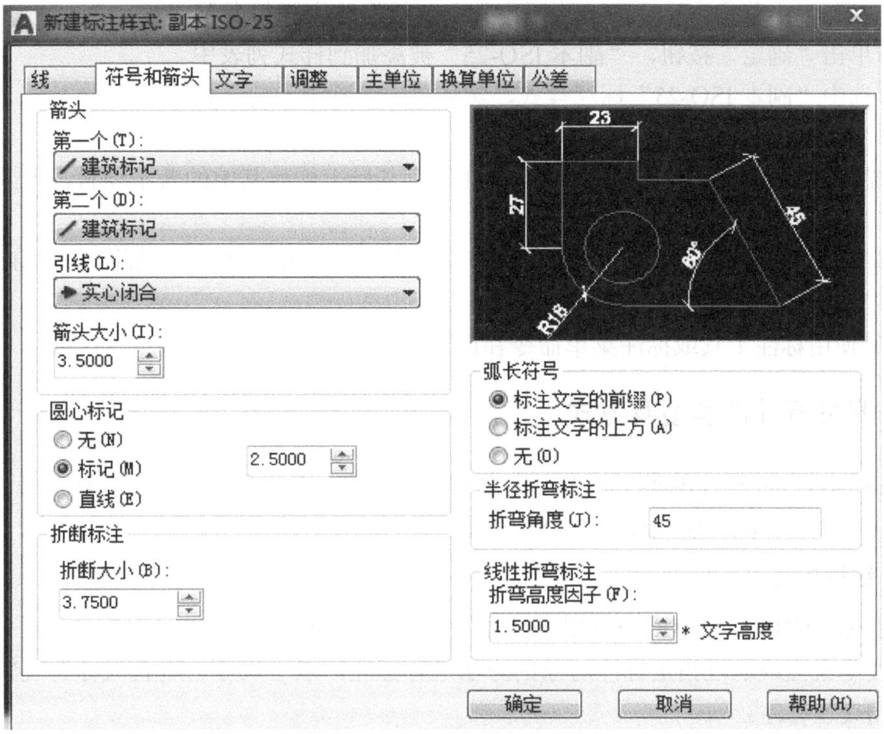

图 1-92　“符号和箭头”选项卡

(5) 打开“文字”选项卡，将文字高度设置为 3.5；将文字位置设置为垂直居中；“文字对齐(A)”选择“水平”，如图 1-93 所示。

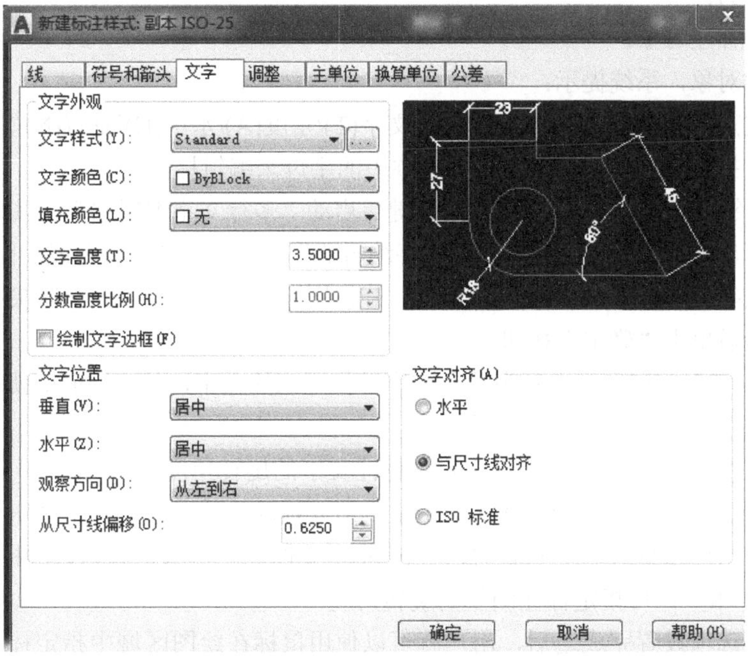

图 1-93　“文字”选项卡

(6) 打开“主单位”选项卡：将“小数分隔符”改为“句点”。

(7) 单击“确定”按钮，“副本 ISO-25”被添加到样式列表中。

(8) 选中“副本 ISO-25”标注样式，然后单击“置为当前”按钮。

(9) 关闭标注样式管理器。

系统默认设置为基础样式，用户可以在这个基础上修改其中的若干项目，使其符合标注要求，完成后单击“确定”按钮。

(10) 系统重新弹出“标注样式管理器”对话框，依次单击“置为当前”“关闭”按钮，完成标注样式的创建。

(11) 使用标注工具或标注菜单命令在图形上进行标注。

1.5.3　尺寸标注的类型及方式

AutoCAD 尺寸标注的类型很多，主要有线性标注、对齐标注、连续标注、角度标注、半径标注、直径标注、引线标注、快速标注等。

1. 线性标注

线性标注(DIMLINEAR)命令用来标注坐标系 XY 平面中两点之间的距离。它可以通过指定标注定义点或通过指定标注对象的方法进行标注。水平尺寸、垂直尺寸、旋转尺寸都可以使用线性标注。

选择“标注”→“线性”菜单项，或单击“标注”工具栏上的  按钮，均可启动“线性标注”命令。

按照 AutoCAD 给出的命令行提示，可以捕捉两条尺寸界线的标注定义点，系统给出标注选项的提示为：

　　选择标注对象：

单击要标注的对象，系统提示：

　　指定尺寸线位置或[多行文字(M)/文字(T)/角度(A)/水平(H)/垂直(N)/旋转(R)]：

此时可以通过指定标注线的位置或输入选项中的字母来编辑标注文字。

(1) 在命令行中输入“M”，按 Enter 键后启动“多行文字编辑器”。其中尖括号<>中的值表示计算出来的测量值。在“多行文字编辑器”中，尖括号的前面或后面输入的文字，表示在标注文字的前面或后面添加的文字。若替换标注文字，可以先删除尖括号，然后输入新文字，最后单击“确定”按钮。

(2) 输入“T”，可在命令行中输入文字替换原来的文字，按 Enter 键就能在标注文本中显示新的文字。

(3) 输入“A”，可以由用户指定设置标注文字的旋转角度。

(4) 使用线性标注时，AutoCAD 会基于当前光标的位置自动创建一个水平的或垂直的测量值，用户也可以输入“H”或“N”明确指定线性标注是水平或垂直的标注。

(5) 输入“R”，可指定标注测量的旋转角度。

标注文字选项设置完成之后，用户就可以使用鼠标在绘图区城中指定标注尺寸线的位置，当 AutoCAD 提示“标注文字 = ×××”时，表明该线性标注的创建已经完成。线性标注各选项的标注效果如图 1-94 所示。

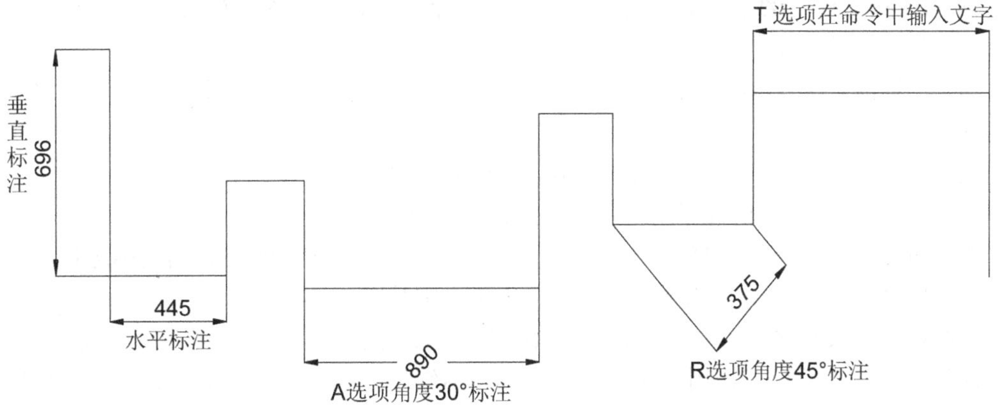

图 1-94　线性标注各选项的标注效果

2. 对齐标注

在绘图过程中，常常需要标注某一条倾斜线段的实际长度，而不是某一方向上线段两端点的坐标差值，这就是对齐标注(Dimaligned)。如果用户需要得到线段的实际长度，又不能得到线段的倾斜角度，就需要使用对齐标注的功能。

启用对齐标注的方法：选择“标注”→“对齐”菜单项，或单击“标注”工具栏上的  按钮。

对齐标注过程与线性标注过程类似，只是在对齐标注过程中，尺寸线与尺寸界线引出点的连线平行，因此标注文字显示的长度是标注线段的实际距离。

按照 AutoCAD 命令行提示，可以在捕捉两条尺寸界线的标注定义点后按 Enter 键。系统给出标注选项的提示如下：

指定尺寸线位置或[多行文字(M)/文字(T)/角度[A)]：

如果需要修改标注文字的内容和旋转角度，则用户可以先参照线性标注的方法进行操作，然后用鼠标在绘图区域内指定标注尺寸线的位置，完成标注的操作。对齐标注各选项的标注效果如图 1-95 所示。

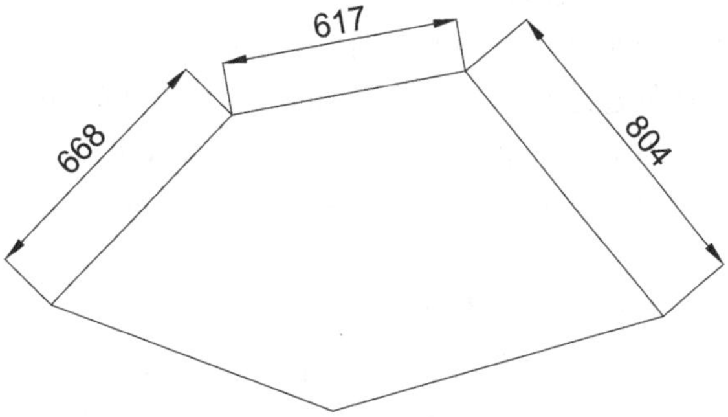

图 1-95　对齐标注各选项的标注效果

3. 基线标注

在工程绘图中，常以一条直线或某一个平面作为基准来测量其他直线或平面到该基准的距离，这就是基线标注(Dimbaseline)。与其他标注形式不同，在创建基线标注之前，必须先创建(或选择)一个线性标注或角度标注作为基准标注，然后 AutoCAD 从基准标注的第一个尺寸界线处测量基线标注。

选择“标注”→“基线”菜单项，或单击“标注”工具栏的  按钮注，均可启动“基线标注”命令。

调用“基线标注”命令后，系统给出命令行提示如下：

指定第二条尺寸界线原点或[放弃(U)/选择(S)]<选择>:

用户可以直接用光标选择下一个标注定义点，也可以按 Enter 键后用光标选择下一个要标注的实体对象。调用 S 选项可以由用户重新指定基准。

选择标注定义点之后，AutoCAD 会给出如“标注文字 = ×××”的尺寸长度的提示，并再次给出下一步的提示，用户可以按提示操作继续创建标注，直到完成标注操作后按下 Enter 键结束命令。

标注过程中，AutoCAD 会自动将当前标注放置在前一个标注之上，两者之间的距离是在“标注样式”对话框的“直线”选项卡中指定的基线间距。以线性标注为基准的基线标注效果如图 1-96 所示。

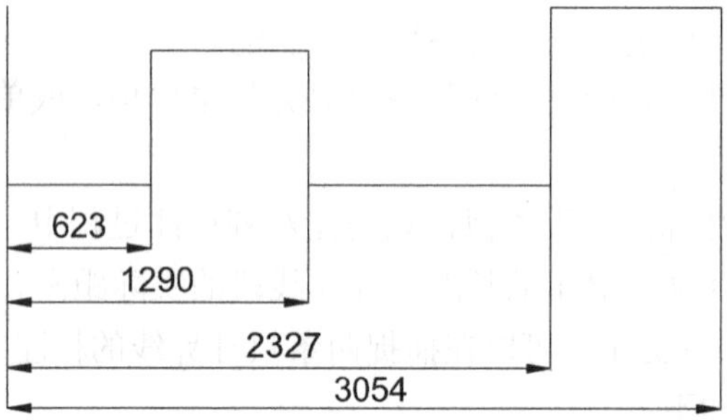

图 1-96 以线性标注为基准的基线标注效果

4. 连续标注

连续标注(Dimcontinue)是首尾相连的尺寸标注，它把前一个标注的第二个尺寸界线作为下一个标注的第一个尺寸界线(原点)，所有的标注共享一条公共的尺寸线。连续标注用于需要将每一个尺寸测量出来并可以相加得到总测量值的情况。

与基线标注相同，在创建连续标注之前，AutoCAD 必须先创建(选择)一个线性标注或角度标注作为基准标注，然后从基准标注的第二个尺寸界线处开始连续标注。

选择“标注”→“连续”菜单项，或命令栏中输入 Dimcontinue，均可启动“连续标注”命令。

调用“连续标注’命令后，系统给出命令行提示如下：

指定第二条尺寸界线原点或[放弃(U)/选择(S)]<选择>:

用户可以直接用鼠标选择下一个标注定义点，也可以按回车键后用光标选择下一个要标注的实体对象。调用 S 选项可以由用户重新指定基准。

定义每一个标注定义点之后，AutoCAD 都会给出上一次的如“标注文字 = ×××”的测量提示，同时在图形中显示尺寸文本。用户可在命令行的提示下继续创建标注，直到完成标注操作后按下 Enter 键结束命令。

连续标注和基线标注一样，可以应用在多个角度的标注中。在操作时，基线标注相应地换成角度标注。以线性标注为基准的连续标注效果如图 1-97 所示。

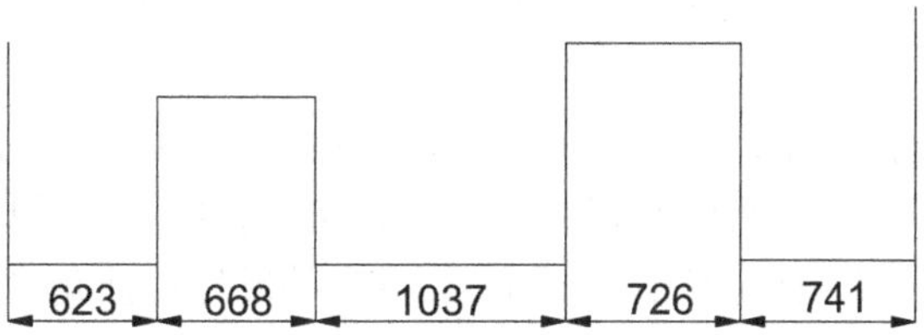

图 1-97　以线性标注为基准的连续标注效果

5. 半径标注

半径标注(Dimraotus)命令用于标注圆或圆弧的半径尺寸。选择“标注”→“半径”菜单项，或单击“标注”工具栏的按钮，均可启动“半径标注”命令。

调用“半径标注”命令后，AutoCAD 会在命令行提示选择要标注的圆或圆弧。用户单击标注对象后，系统会提示标注文本的信息“标注文字 = ×××”，并给出命令行提示如下：

指定尺寸线位置或[多行文字(M)/文字(T)/角度(A)]:

适当修改标注文本，就可以确定尺寸线的位置，完成标注操作。常见的标注如图 1-98 所示。

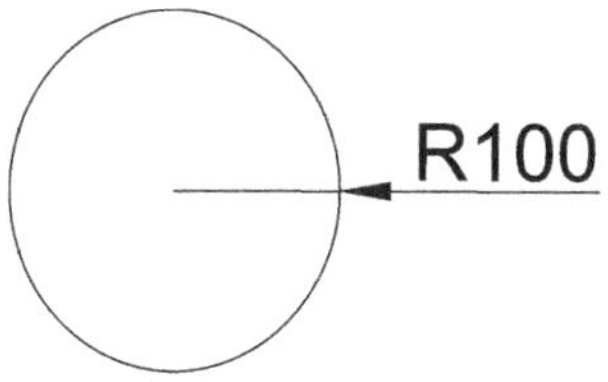

图 1-98　半径标注

6. 直径标注

直径标注(Dimdiameter)命令用于标注圆或圆弧的直径尺寸。选择“标注”→“直径”菜单项，或在“标注”工具栏中单击按钮，均可启动“直径标注”命令。

与半径标注类似，用户按照命令行提示单击待标注的圆弧或圆对象后提示标注文本的信息“标注文字 = ×××”，并给出命令行提示如下：

指定尺寸线位置或[多行文字(M)/文字(T)/角度(A)]:

修改标注文本，可以用鼠标在图形中指定尺寸线的位置完成标注操作如图 1-99 所示。

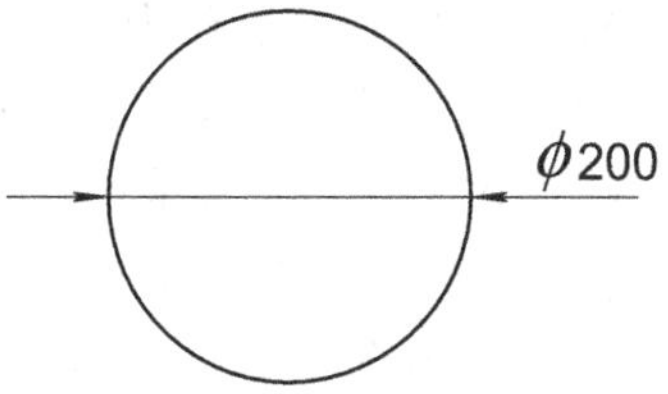

图 1-99　直径标注

7. 角度标注

在机械制图中，经常要对零件的角度或者切削的角度进行标注，这就要用到角度标注(Dimangular)功能。角度标注还可以用来对某一段圆弧或圆上的一部分圆弧进行标注。

选择“标注”→“角度”菜单项，或单击“标注”工具栏 按钮，均可启动“角度标注”命令。

在命令行提示“选择圆弧、圆、直线或<指定顶点>：”时，可以直接选择一段圆弧、指定圆上的两点、两条不平行的直线来标注角度，也可以按回车键后按照“指定角的顶点：”“指定角的第一个端点：”“指定角的第二个端点：”的顺序标注角度。AutoCAD 将自动确定角度尺寸的标注定义点，并给出下面的命令提示：

指定标注弧线位置或[多行文字(M)/文字(T)/角度(A)]：

用户可以使用鼠标确定尺寸线的位置，也可以调用选项调整标注文本的内容和角度。在确定尺寸线位置后，系统会提示“标注文字 = ×××”的信息，完成该角度的标注。

在进行角度标注中选择标注定义点后，一般可以不考虑两个端点的先后顺序，但在有些情况下是要考虑先后顺序的。角度标注各选项的标注效果如图 1-100 所示。

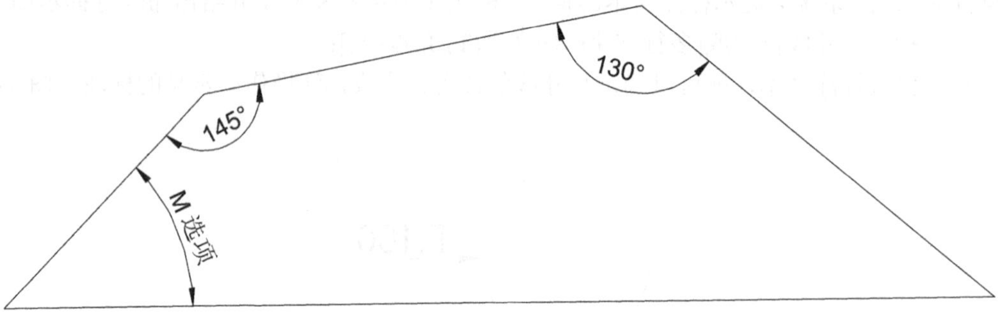

图 1-100　角度标注各选项的标注效果

8. 引线标注

选择“标注”→“引线”菜单项，或单击“标注”工具栏的量 按钮，均可启动“引线标注(Qleader)”命令。该命令启动后会有如下提示：

指定第一个引线点或[设置(S)]<设置>：

在该提示下，用户有两种选择。第一种选择是直接输入旁注指引线的起点，执行该选项时会提示：

指定下一点：

指定文字宽度<O>：

用户在该提示下输入一点，AutoCAD 把该点作为文本的起点。若在该提示下用户直接按 Enter 键，则 AutoCAD 会弹出“多行文本编辑器”对话框。

第二种选择是直接按回车键或输入 S 选项，AutoCAD 会弹出[引线设置]对话框。在该对话框中包括“注释”“引线和箭头”“附着”3 个选项卡。

“注释”选项卡如图 1-101 所示。该选项卡包含注释类型、多行文字选项和重复使用注释 3 个设置区。

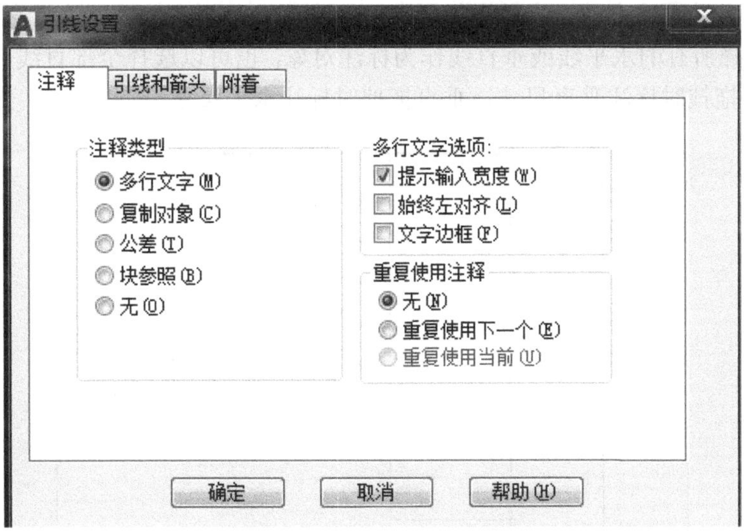

图 1-101　“注释”选项卡

“引线和箭头”选项卡如图 1-102 所示。在“引线”设置区，用户可以通过单选钮设置引线的类型。在“箭头”设置区，用户可以从下拉列表框中选择箭头类型，也可选择“用户箭头”重新设置。在“点数”设置区可以确定指引线的点数的最大值。在“角度约束”设置区可以限制引线的旋转角度，其中，第一段限制起始引线角度的大小，用户可以通过下拉列表框进行设置；用同样的方法设置第二段引线的角度。

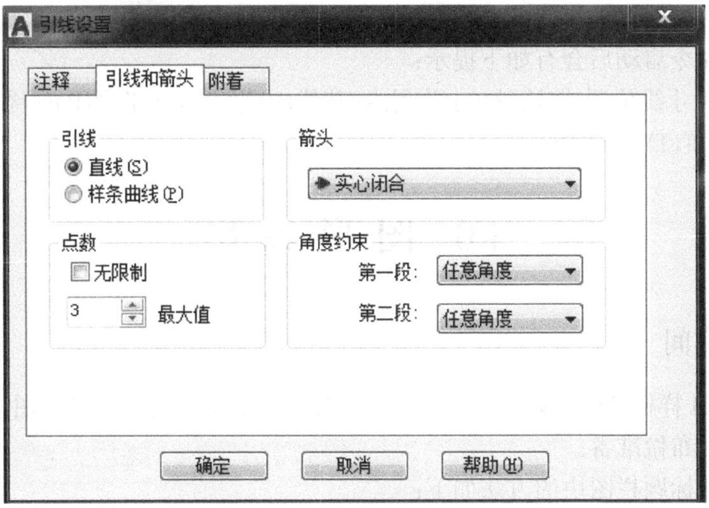

图 1-102　“引线和箭头”选项卡

9. 快速标注

快速标注(Qdim)是交互式、动态和自动化尺寸标注生成器。使用快速标注，可以极大地提高标注效率。快速标注允许同时标注多个对象的尺寸，也允许同时标注多个圆弧和圆的尺寸；可以对图形中现有的尺寸标注进行快速编辑，也可以建立新的尺寸标注。使用快速标注时，可以重新确定基线和尺寸标注的基点数据，因此在建立一系列基线与连续标注时特别实用。

快速标注各选项改变的标注效果如图 1-103 所示。使用“快速标注”命令标注线性尺寸时，可以选择所有的水平线或垂直线作为标注对象，也可以选择全部直线作为标注对象。鼠标光标水平拖拽时标注垂直尺寸，垂直拖拽时标注水平尺寸。

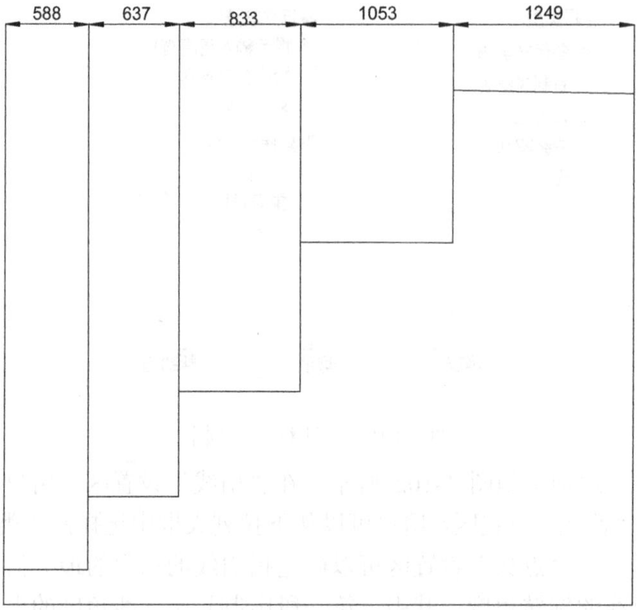

图 1-103　快速标注效果

选择“标注”→“快速标注”菜单项，或单击工具栏的按钮，均可启动“快速标注”命令。该命令启动后会有如下提示：

指定尺寸线位置或[连续(C)/并列(S)/基线(B)/坐标(O)/半径(R)/直径(D)/基准点(P)/编辑(E)/设置(T)]<连续>:

1.6　图形输出

1.6.1　图纸空间

本节为“A3 样板.dwt”文件设置布局，主要目的是在布局中准备好图框和标题栏，为图形的打印与发布做准备。

创建图框与标题栏图块的方法如下：

(1) 创建如图 1-104 所示标题栏。

<table>
<tr><td colspan="4" rowspan="2">设计题目</td><td>图号</td><td>图号</td><td></td><td></td></tr>
<tr><td>比例</td><td>设计人</td><td>日期</td><td>日期</td></tr>
<tr><td>设计</td><td>设计人</td><td>专业</td><td>专业</td><td colspan="4" rowspan="2">图名</td></tr>
<tr><td>审核</td><td>审核人</td><td>班级</td><td>班级</td></tr>
</table>

图 1-104　标题栏

(2) 绘制标准 A3 图框，并与标题栏表格合并，如图 1-105 所示。

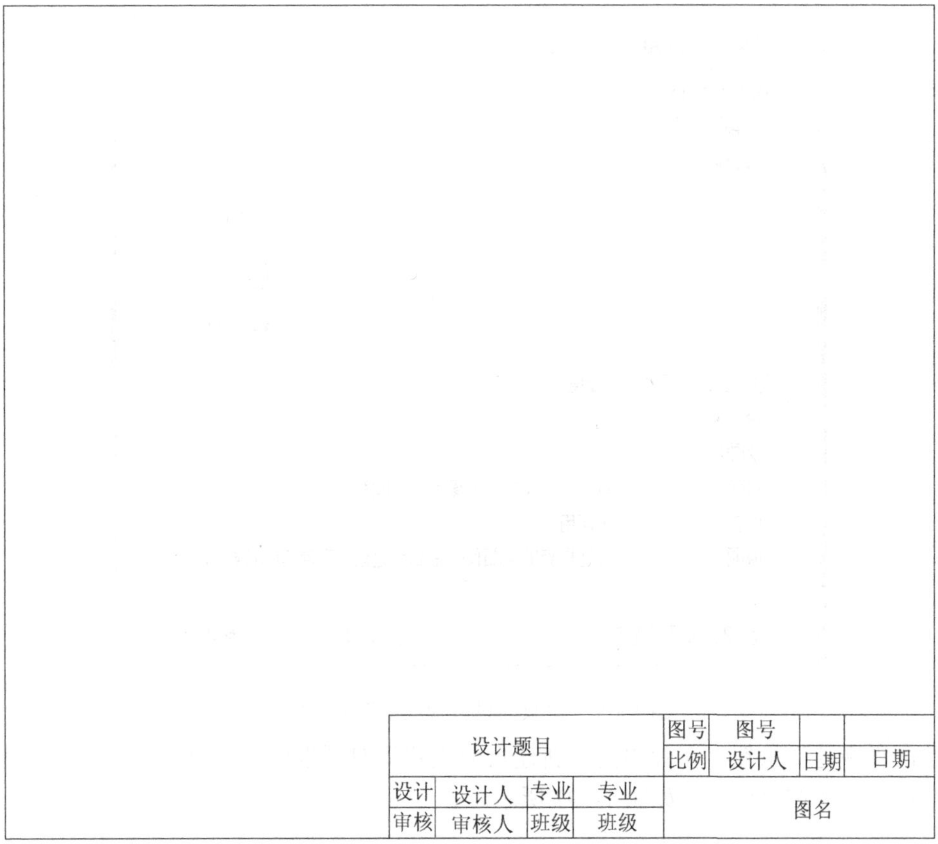

图 1-105　A3 图框

(3) 利用 WBLOCK 命令将上述 A3 图框与标题栏保存成“D:\A3-title”块。源对象处理方式为“删除”；拾取点为外围框的左下角点。

(4) 单击“确定”按钮，图块创建完毕。

1.6.2　打印输出

打印输出是设计工程图样的最后一个操作环节。在 AutoCAD 软件中，用户可以实现电子打印和图纸打印。下面简单介绍如何进行图纸打印，图纸打印输出分为模型空间打印输出和布局打印输出两种。

一般情况下，用户都是按 1∶1 的比例绘制图形，而常用的图幅也是国标规定的，因此要打印输出首先要考虑的是出图比例问题。

1. 模型空间打印输出

1) 设置页面

选择“文件”→“页面设置管理器”，打开如图 1-106 所示的“页面设置管理器”对话框。

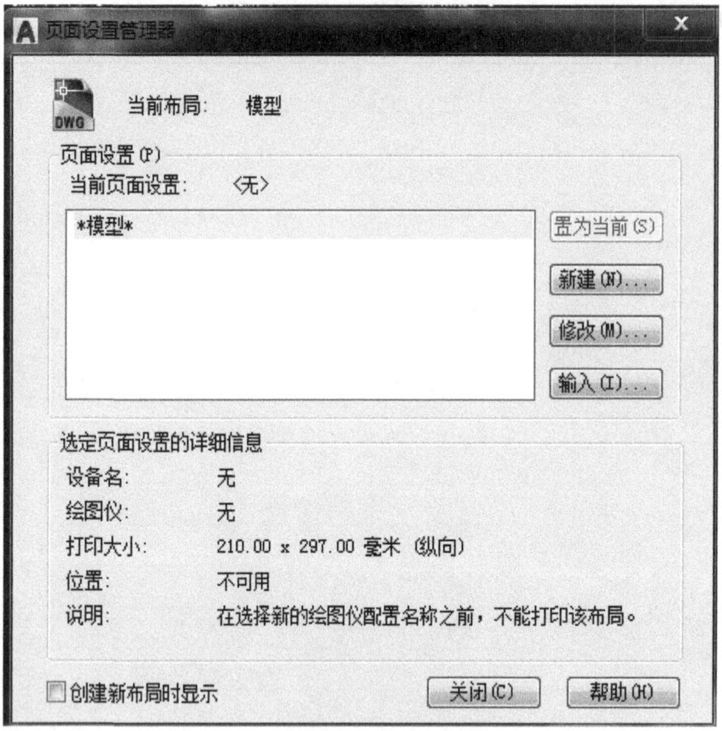

图 1-106　“页面设置管理器”对话框 1

单击“新建”按钮，在弹出的“新建页面设置”对话框的“新页面设置名”文本框中输入名称，如“A3 打印”，如图 1-107 所示。

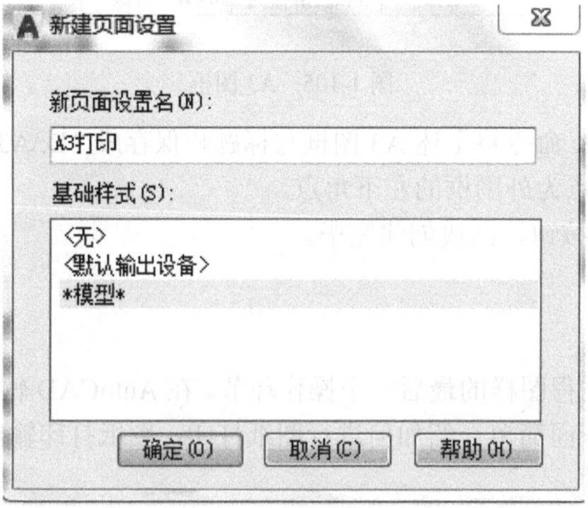

图 1-107　“新页面设置”对话框

单击“确定”按钮弹出如图 1-108 所示的“打印-模型”对话框。在该对话框“打印机/绘图仪”选项组的“名称”下拉列表框中选择相应的打印机或绘图仪型号；然后在“图纸尺寸”下拉列表框中选择要打印的图纸尺寸(如“ISO A3(420.00 × 297.00 毫米)”)；最后在“打印区域”选项组的“打印范围”下拉列表框中选择打印范围(如“窗口”)，其他参数一般采用默认设置。

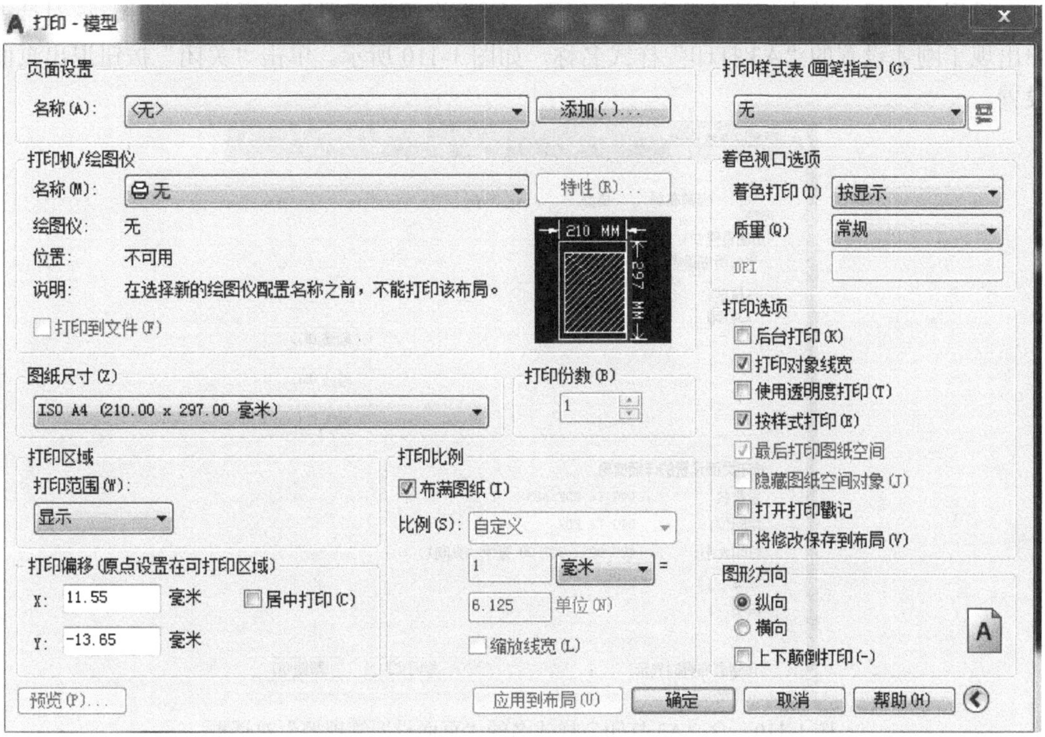

图 1-108　“打印-模型”对话框

如图 1-109 所示为“A3 打印”页面设置。

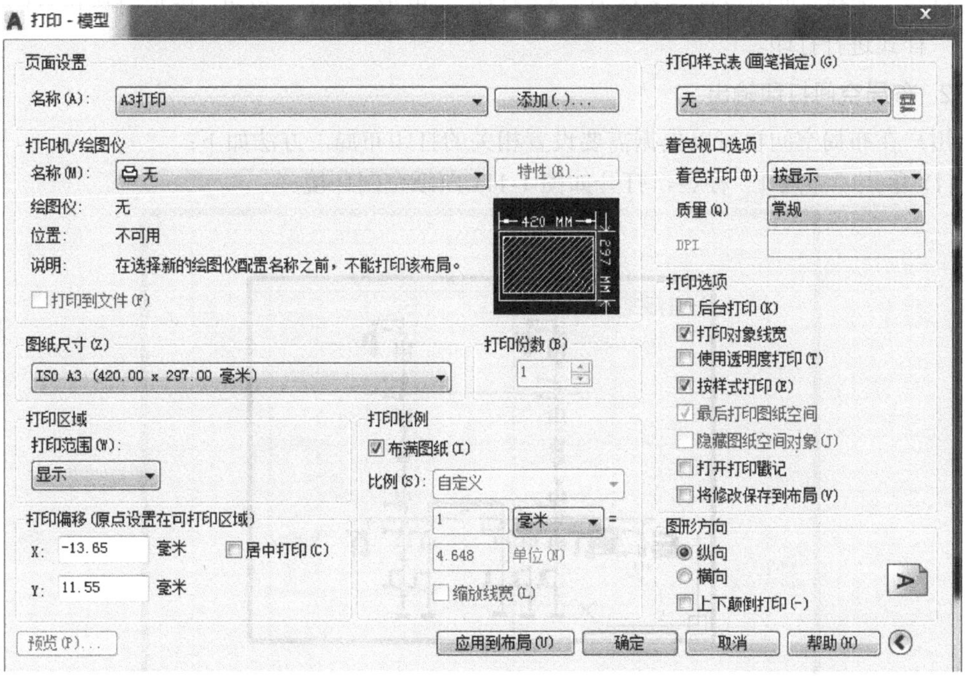

图 1-109　新建的“A3 打印”样式设置结果

设置完成后，单击“确定”按钮，返回“页面设置管理器”对话框，此时，该对话框中出现了刚才设置的“A3 打印”样式名称，如图 1-110 所示。单击“关闭”按钮退出页面设置。

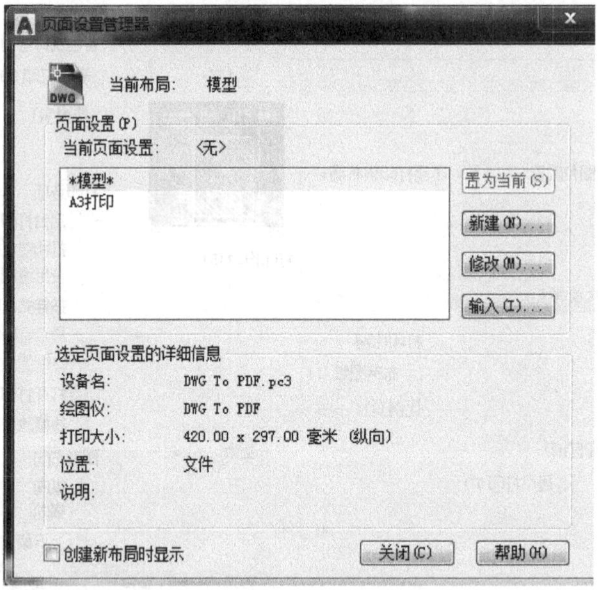

图 1-110　含“A3 打印”样式名的“页面设置管理器”对话框

2) 打印

用户在完成页面设置后需要打印输出，可单击“打印”按钮，在打开的“打印-模型”对话框中，选择“页面设置”名称为“A3 打印”，单击“确定”按钮，图形将按设置的“A3 打印”样式进行打印。

2. 布局空间打印输出

用户在布局空间也可以根据需要设置相关的打印布局，方法如下：

(1) 单击“布局 1”标签，打开如图 1-111 图纸空间环境。

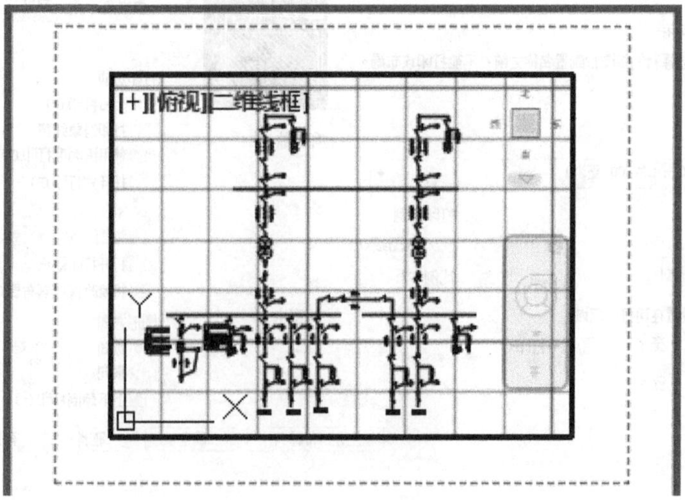

图 1-111　“布局 1”

(2) 单击“文件”→“页面设置管理器”，打开如图 1-112“页面设置管理器”对话框，对“布局 1”进行页面设置与上一节所讲述类似，在此不再赘述。

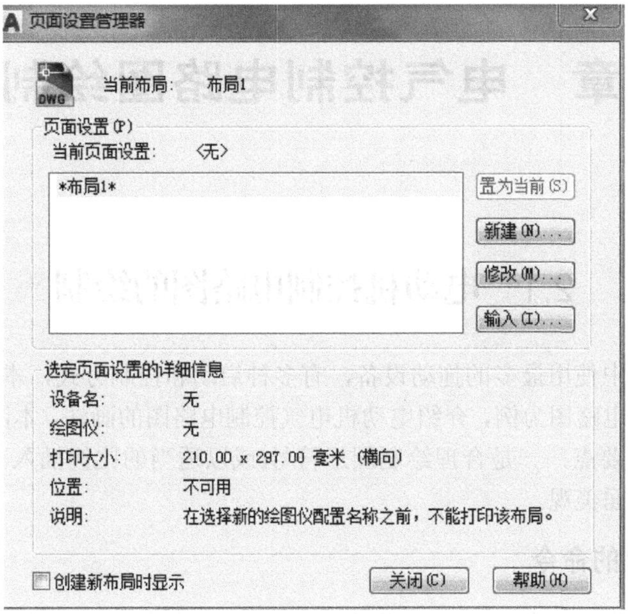

图 1-112　“页面设置管理器”对话框 2

第 2 章　电气控制电路图绘制实例

2.1　电动机控制电路图的绘制

电动机是工厂中使用最多的拖动设备，有多种启动和控制方式，本节以具有自耦变压器降压启动的控制电路图为例，介绍电动机电气控制电路图的画法。本图不涉及出图比例。绘制这类图有两个要点：一是合理绘制图形符号(或以适当的比例插入事先做好的图块)；二是布局合理，图面美观。

2.1.1　绘图使用的命令

本例绘制中使用的命令有："直线"命令、"复制"命令、"偏移"命令、"圆"命令、"多线"命令、"镜像"命令、"修剪"命令、"等分"命令、"点编辑"命令和"图案填充"命令等。

2.1.2　绘图步骤

绘制如图 2-1 所示的自耦变压器降压启动的控制电路图。

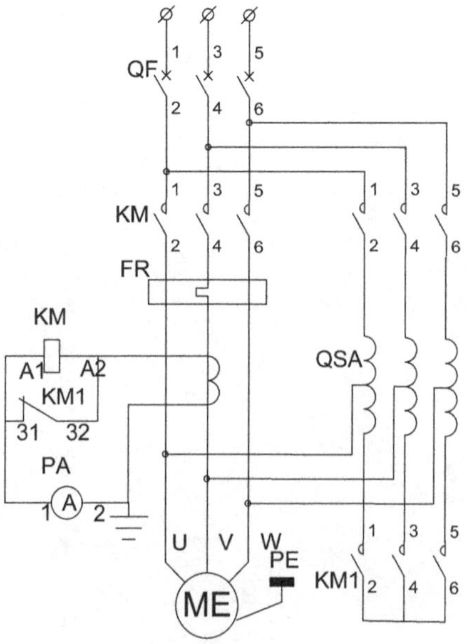

图 2-1　自耦变压器降压启动的控制电路图

1. 图纸布局

(1) 设置绘图空间的图形界限。使用“A3 样板”新建文件，并切换到模型空间。设置图形界限：左上角点为(0，0)，右上角点为(420，297)。执行[视图]→[缩放]→[全部]命令。

(2) 图层的设置。该图包括定位线层、电气符号层、标注层三层，各图层设置如表 2-1 所示。

表 2-1　各图层设置表

图层名称	颜色	线型	线宽
定位线层	白色	CENTERX2	默认
电气符号层	白色	Continuous	0.3
标注层	绿色	Continuous	默认

2. 绘制电气符号层

将图层切换到“电气符号层”，再进行以下绘制。

(1) 绘制断路器符号。

① 使用“直线”命令，在正交方式下绘制一条长为 14 的竖线，如图 2-2(a)所示。

② 启用极轴追踪，角增量设置为 30°。

③ 使用“直线”命令，距直线底部 3.5 处绘制一条长为 8 的斜线，斜线倾斜角为 120°，水平线的端点可通过捕捉垂足得到，如图 2-2(b)所示。

④ 使用“移动”命令，移动水平短线，基点为交点，目标点为垂足，使用“修剪”命令，以横线和斜线作为修剪边，剪掉中间的直线部分，如图 2-2(c)所示。

⑤ 使用“旋转”命令，旋转短横线，基点为交点，逆时针旋转 45°，如图 2-2(d)所示。

⑥ 使用“镜像”命令，以竖线为镜像线，镜像旋转后的短横线，如图 2-2(e)所示。

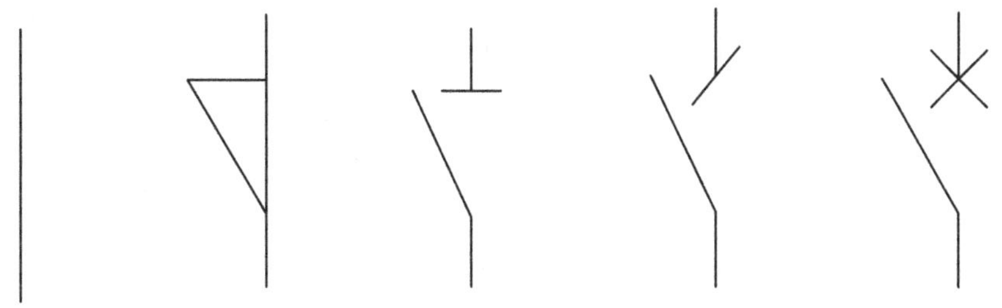

(a)　(b)　(c)　(d)　(e)

图 2-2　绘制断路器符号

(2) 绘制一相电源接线及设备。

① 使用“直线”命令，在如图 2-3(a)所示断路器符号的上、下侧分别绘制长度为 5 和 10 的直线，如图 2-3(b)所示。

② 使用“复制”命令，复制一个断路器符号至下侧连接线的下方，如图 2-3(c)所示。

③ 使用“删除”命令，删除断路器符号上的“×”，如图 2-3(d)所示。

④ 使用“圆”命令，在如图 2-3(d)所示位置分别画两个小圆，其中上面的圆半径为 0.7，下面的圆半径为 0.6，圆心通过捕捉相应的直线端点确定，如图 2-3(e)所示。

⑤ 使用“移动”命令，移动半径为 0.7 的圆：基点为其下象限点，目标点为其圆心(即直线端点)，如图 2-3(f)所示。

⑥ 使用“复制”命令，以半径为 0.7 的圆的圆心为起点，画一条短斜线：

命令：

LINE↵
指定第一点：(捕捉圆心)
指定下一点或[放弃(U)]：@1.4<45↵
指定下一点或[放弃(U)]：↵

如图 2-3(g)所示。

⑦ 使用“复制”命令，复制短线：基点为其右上端点，目标点为其左下端点(或圆心)，如图 2-3(h)所示。

⑧ 使用“延伸”命令，将半径为 0.6 的圆内的直线端点延长到半径为 0.6 圆内的下象限点，如图 2-3(i)所示。

⑨ 使用“修剪”命令，修剪掉半径为 0.6 的圆的右半部分，如图 2-3(j)所示。

⑩ 使用“直线”命令，在接触器触点符号下方绘制长度为 3 的直线，如图 2-3(k)所示。

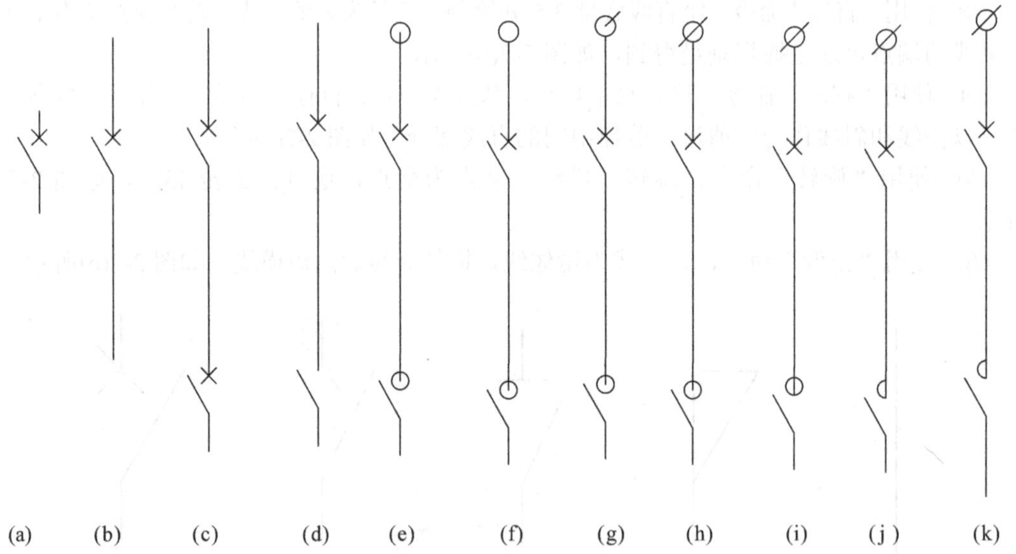

图 2-3　一相电源接线及设备

(3) 书写断路器及接触器触点符号的接线端子编号。

① 使用单行文字命令书写断路器的端子编号“1”：使用“工程字”文字样式，字高取 1.5，如图 2-4(a)所示。

② 在正交方式下，向下复制编号“1”至合适位置，如图 2-4(b)所示。

③ 双击复制得到的编号“1”，将其修改为编号“2”，如图 2-4(c)所示。

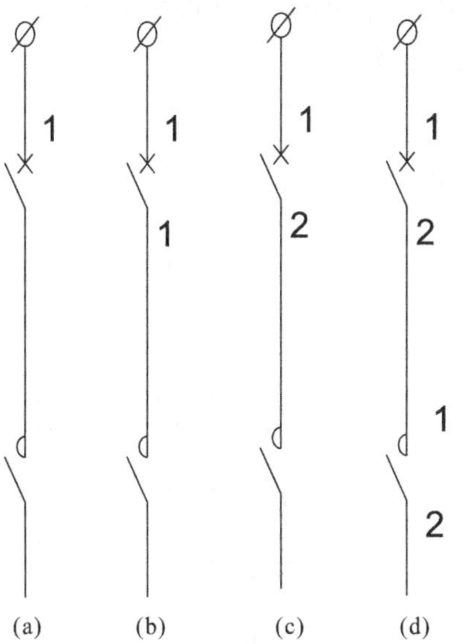

图 2-4　书写接线端子编号

④ 在正交方式下，向下复制编号“1”和“2”得到接触器触点符号的接线端子编号，如图 2-4(d)所示。

(4) 在正交方式下，分别向右复制图 2-4(d)所示的图形 5 和 10 个图形单位，如图 2-5 所示。

(5) 修改文字内容，如图 2-6 所示。

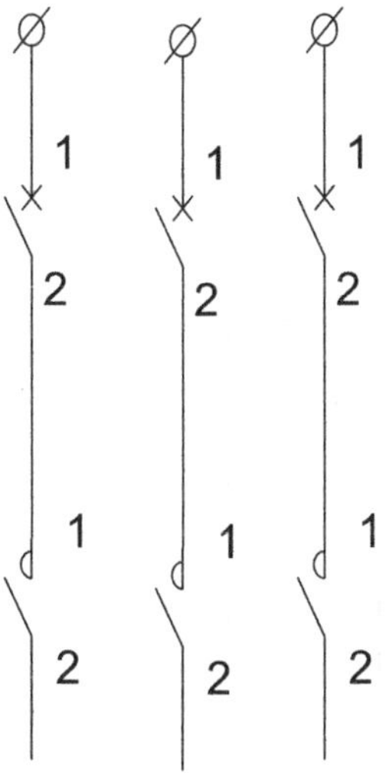

图 2-5　复制图形 1

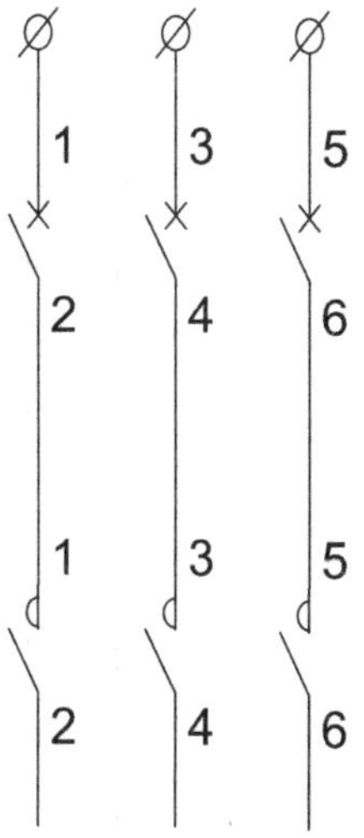

图 2-6　三相电源接线

(6) 使用“矩形”命令，画一个宽 15，高 3 的矩形，然后再画一个宽 3，高 1 的矩形，如图 2-7(a)所示。

(7) 使用“移动”命令，移动矩形 3 × 1：基点为其中心点，目标点为矩形 15 × 3 的中心点，如图 2-7(b)所示。

(8) 使用“移动”命令，移动两个矩形：基点为矩形 15 × 3 的上边的中点，目标点为中间相接线的下端点，如图 2-7(c)所示。

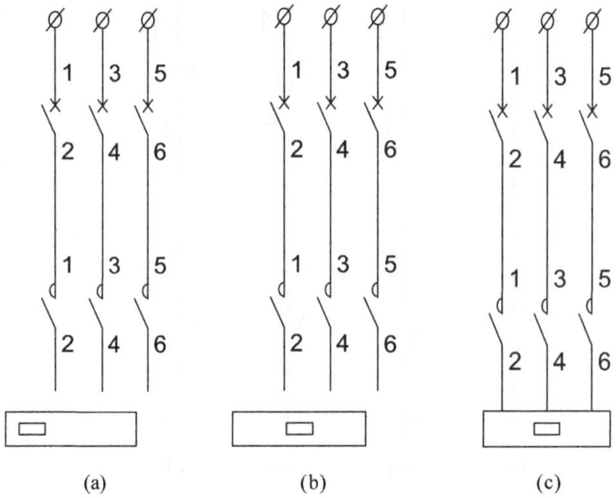

图 2-7　绘制热继电器的基本图形

(9) 使用“直线”命令，将三相电源接线的下端点分别向下延长 40，如图 2-8(a)所示。

(10) 使用“修剪”命令，修剪成如图 2-8(b)所示的形状。

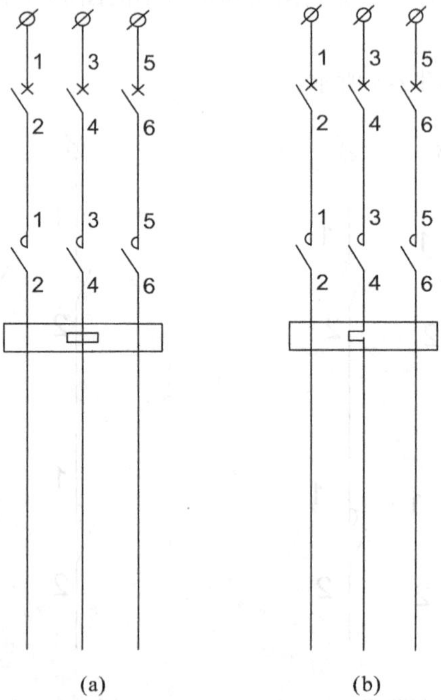

图 2-8　热继电器与电动机的连线

(11) 使用“圆”命令，画一个半径为 4 的圆，如图 2-9(a)所示。

(12) 使用“直线”命令，以圆心为起点，画一段角度为 45° 的直线，如图 2-9(b)所示。

(13) 使用“镜像”命令，镜像复制直线，如图 2-9(c)所示。

(14) 使用“修剪”命令，修剪图形如图 2-9(d)所示。

(15) 在圆内输入单行文字：使用“工程字”文字样式，对正方式取“中间”为圆心，字高取 3，如图 2-9(e)所示。

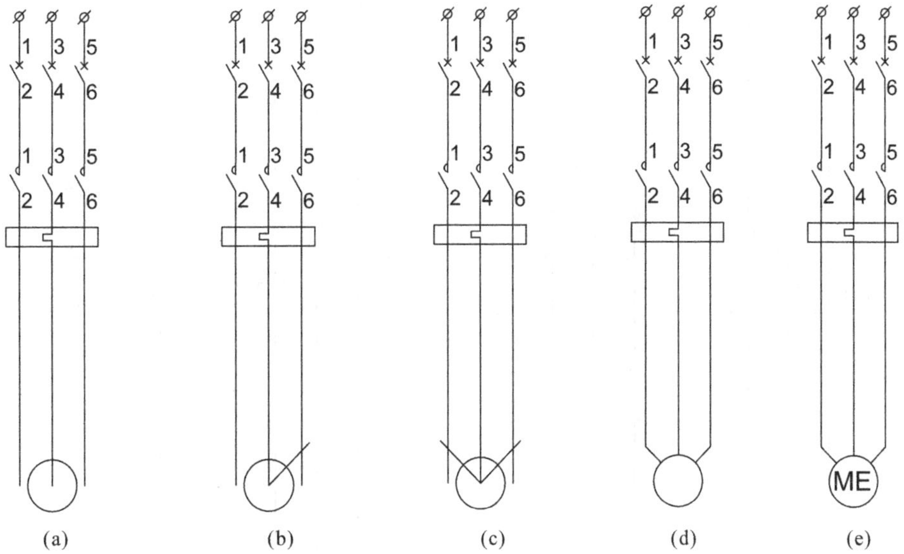

图 2-9　绘制电动机符号

3. 绘制自耦变压器电路

(1) 使用“复制”命令，水平向右复制断路器与接触器触点之间的连接线和接触器触点 25 个图形单位，如图 2-10 所示。

(2) 使用“直线”命令，以复制得到的 2 号端子为起点，向下画一条长度为 35 的直线，然后以这条直线的中点为圆心，画一个半径为 1.5 的圆，如图 2-11 所示。

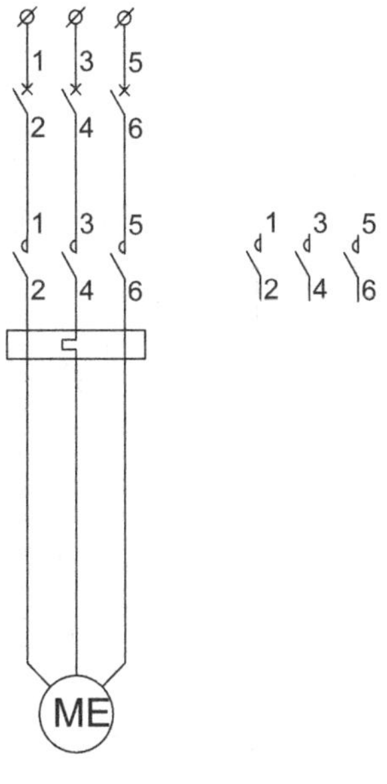

图 2-10　复制图形 2

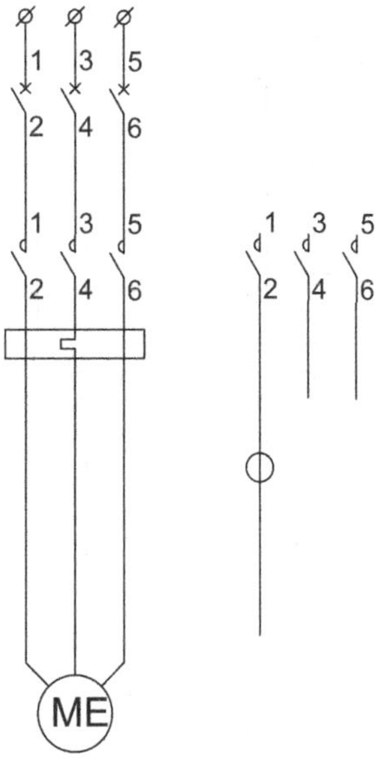

图 2-11　绘制直线和圆

(3) 使用“复制”命令，将半径为 1.5 的圆向上复制两次，向下复制一次，如图 2-12 所示。

(4) 使用“修剪”命令，修剪成如图 2-13 所示图形。

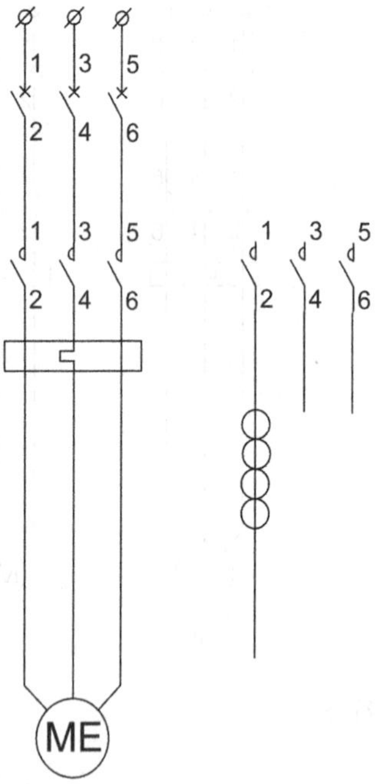

图 2-12　复制圆

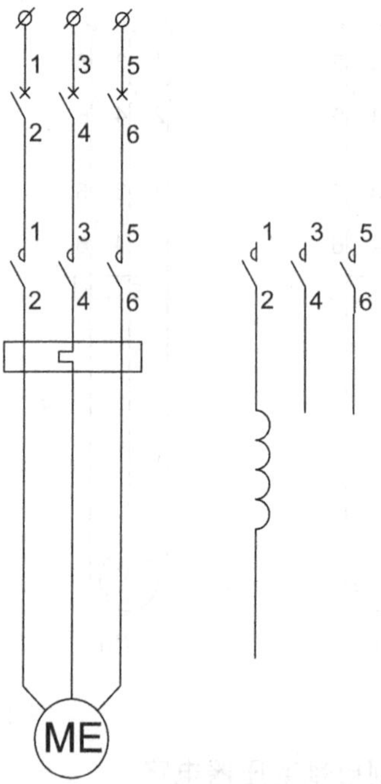

图 2-13　修剪图形

(5) 使用“复制”命令，复制得到另外两相的自耦变压器线圈符号，如图 2-14 所示。

(6) 使用“复制”命令，向下复制接触器触点，如图 2-15 所示。

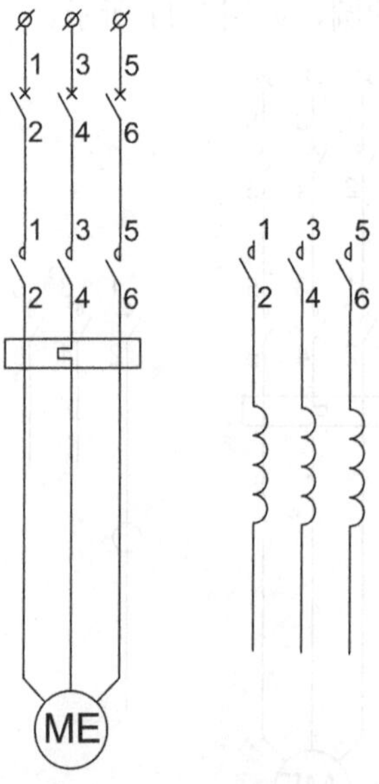

图 2-14　复制图形 3

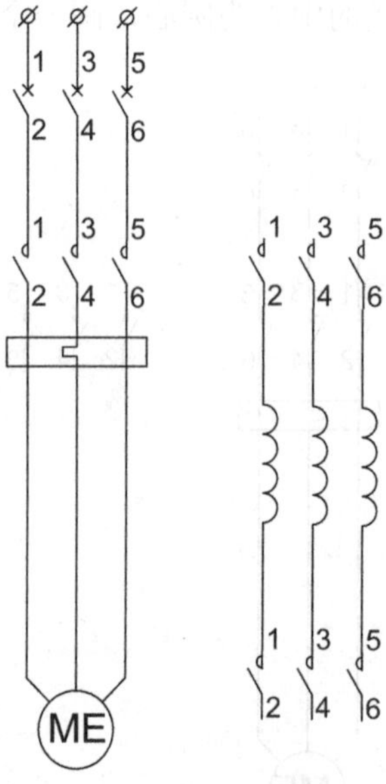

图 2-15　复制图形 4

(7) 使用“直线”命令，如图 2-16 所示，以右下方的 2 号端子为起点，向下画一条长度为 3 的直线。

(8) 使用“复制”命令，复制出另外两相上的直线，并绘制水平连接线，如图 2-17 所示。

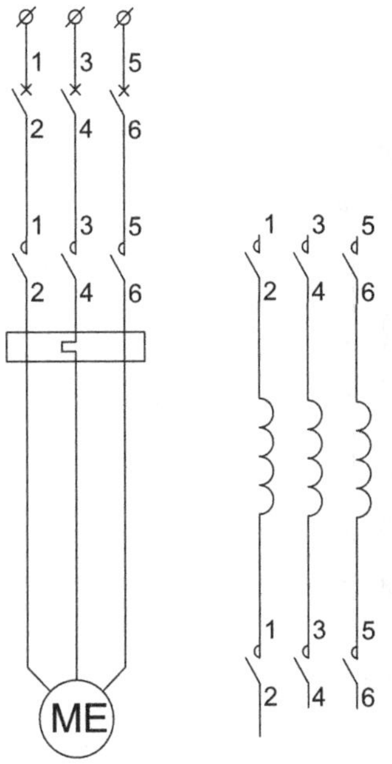

图 2-16　画直线

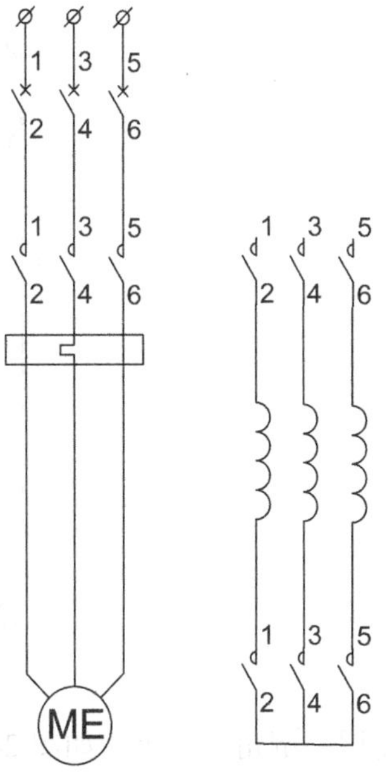

图 2-17　封接自耦变压器的一端

(9) 使用“直线”命令，绘制水平直线，线间距离为 3，如图 2-18 所示。

(10) 使用“修剪”命令，修剪成如图 2-19 所示图形。

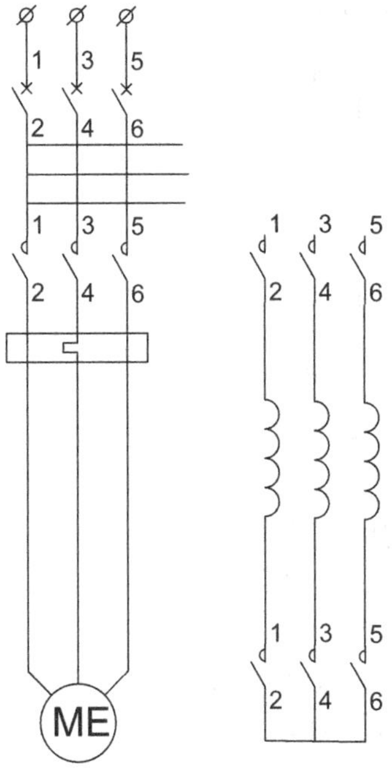

图 2-18　画水平直线

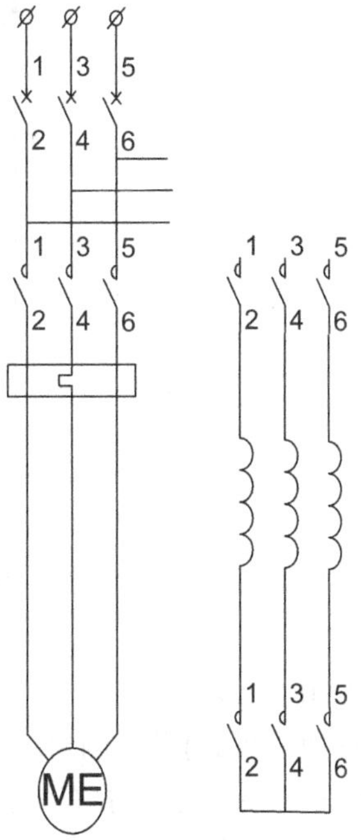

图 2-19　修剪直线

(11) 使用“圆环”命令，绘制圆环，表示导线之间相接：圆环内径为 0，外径可取 0.7，如图 2-20 所示。

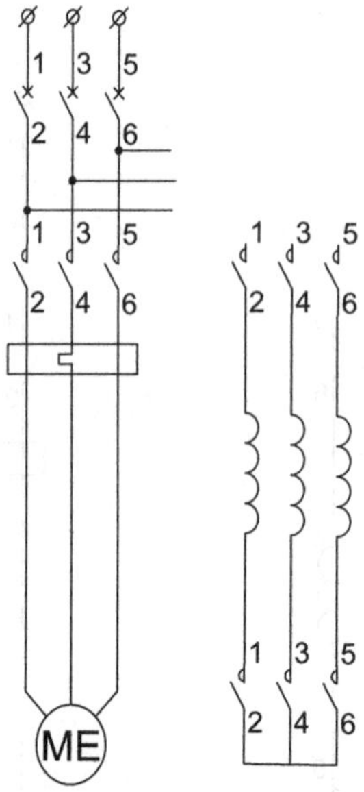

图 2-20　绘制圆环

(12) 使用“倒角”命令，如图 2-21 所示。

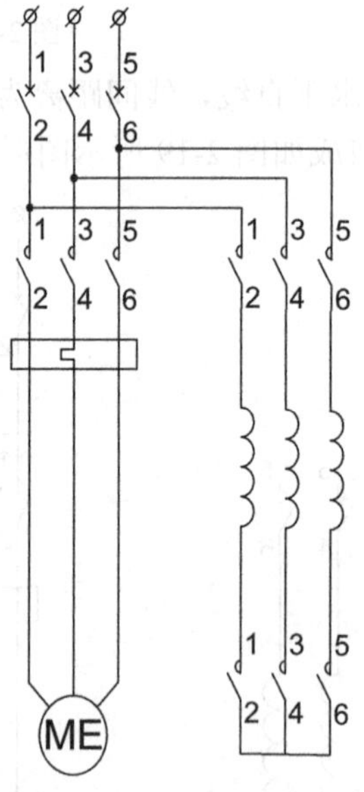

图 2-21　用倒角命令连接导线 1

命令：

CHAMFER↵
(“修剪”模式)当前倒角距离 1＝0.0000，距离 2＝0.0000
选择第一条直线或[放弃(U)/……/多个(M)]：M↵
选择第一条直线或[放弃(U)/……/多个(M)]：(选择最上方的水平线)

选择第二条直线，或按住 Shift 键选择要应用角点的直线：(选择最右侧的竖线)

……

说明：

“按住 Shift 键选择要应用角点的直线”的含义是：如果当前倒角距离不是 0，在选择第二条直线的同时按住 Shift 键，可以使当前倒角距离失效，而以倒角距离 0 进行倒角。

(13) 使用“镜像”命令，镜像复制水平直线及圆环，如图 2-22 所示。

(14) 绘制自耦变压器的调节端子，其中水平直线的长度可取 1.5，如图 2-23 所示。

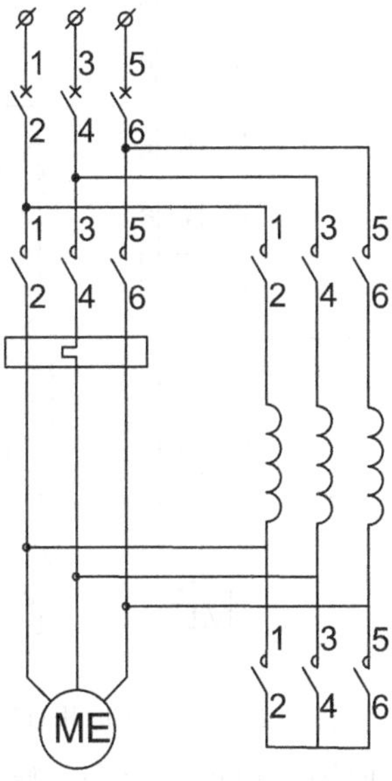

图 2-22　镜像复制图形

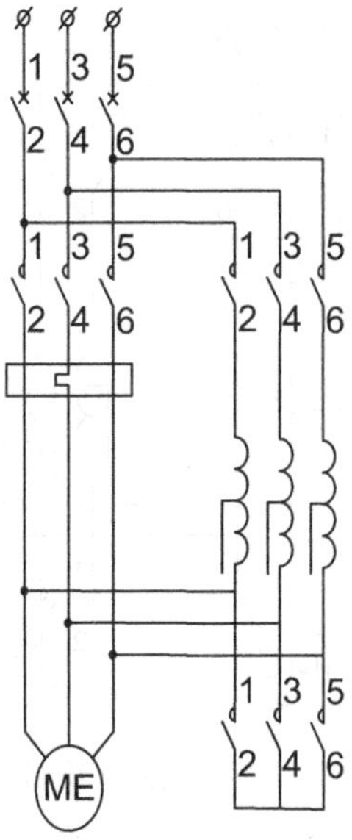

图 2-23　绘制调节端子

(15) 使用“倒角”命令，连接直线，如图 2-24 所示。

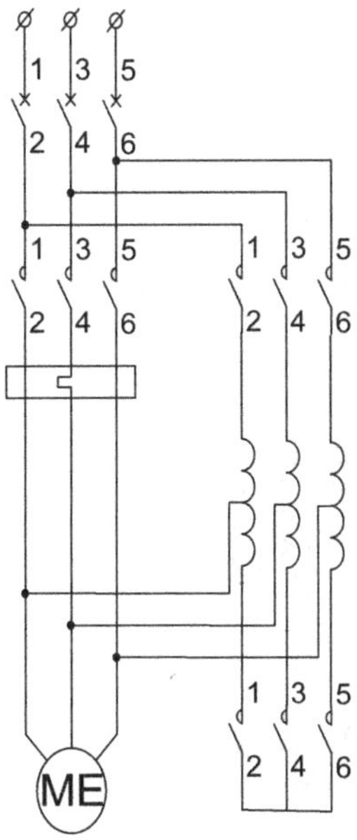

图 2-24　用倒角命令连接导线 2

4. 绘制控制与测量电路

(1) 使用“复制”命令，复制自耦变压器符号上的两段圆弧至图 2-25 所示位置。

(2) 使用“直线”命令，绘制两条长度分别为 14 和 10 的直线，如图 2-25 所示。

(3) 使用“矩形”命令，绘制两个矩形 12 × 8 和 2 × 4；使用“直线”命令，绘制两条直线，其中竖线长度为 3，斜线角度为 120°，如图 2-26 所示。

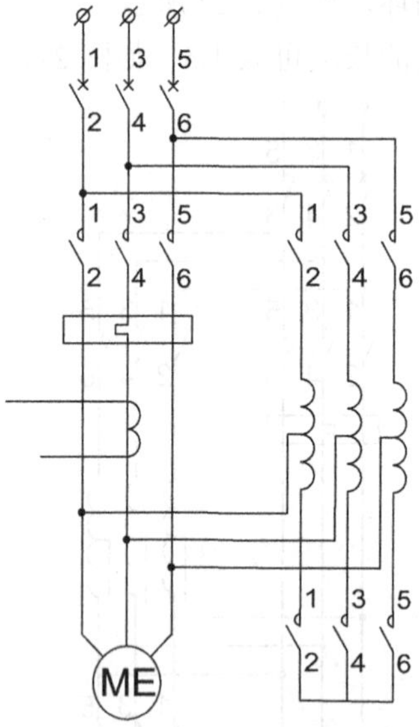

图 2-25　复制圆弧并绘制连接线

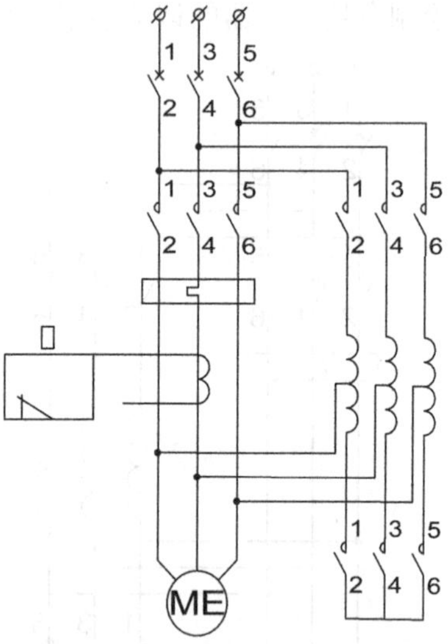

图 2-26　绘制矩形和直线

(4) 使用“移动”命令，移动矩形 2 × 4，然后使用“修剪”命令，修剪成如图 2-27 所示。

(5) 绘制电流互感器与控制、测量回路的连接线，然后绘制电流表符号中的圆，半径为 2，如图 2-28 所示。

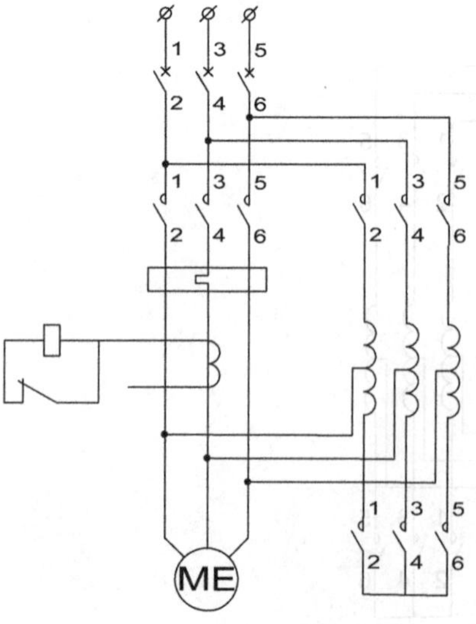

图 2-27　移动并修剪图形

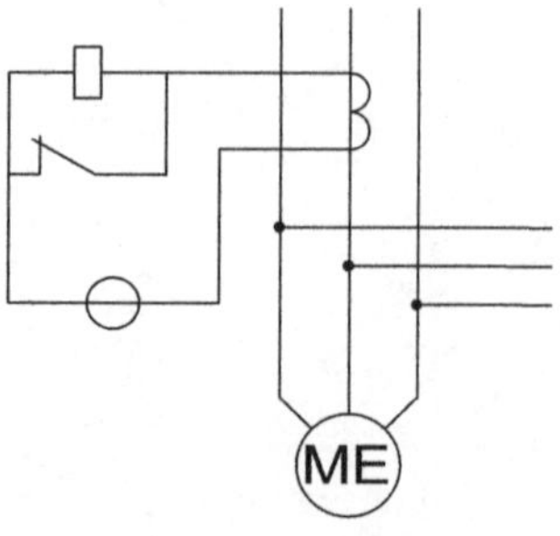

图 2-28　绘制连接线和圆

(6) 修剪掉圆内的直线，以中间对正方式在圆内输入单行文字：文字起点为圆心，文字样式为“工程字”，字高为 2，如图 2-29 所示。

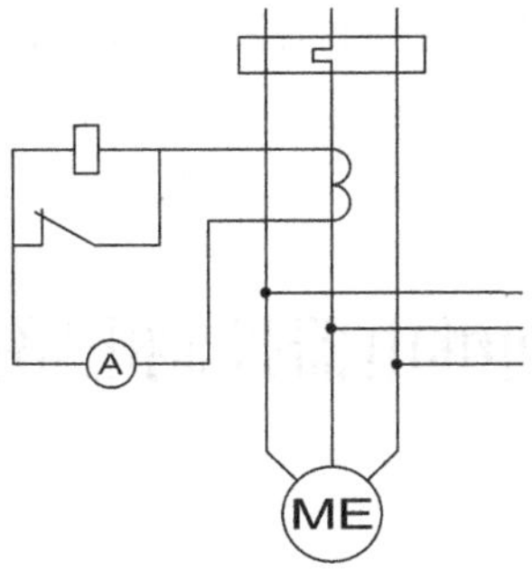

图 2-29　修剪并输入单行文字

(7) 绘制控制、测量回路的接地符号：绘制方法参见 3.1 节中绘制避雷器接地部分的说明，尺寸应适当放大，如图 2-30 所示。

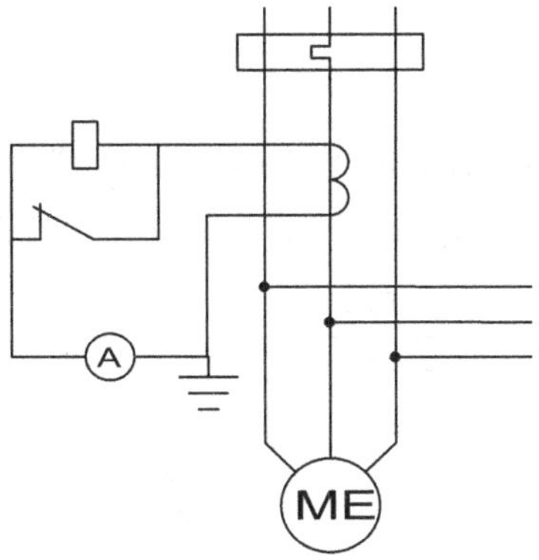

图 2-30　绘制接地符号

(8) 绘制电动机的保护接地装置：其中接地体可用宽度为 1 的多段线表示，如图 2-31 所示。

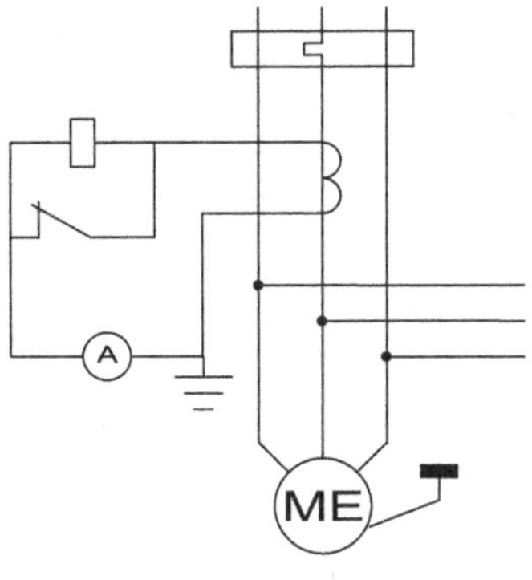

图 2-31　绘制接地装置

至此，图形部分绘制完毕。

最后标注设备的文字符号及各端子代号：先把电流表符号中的文字“A”复制到其他需要标注文字的位置，然后修改文字内容即可，最终电路图如图 2-1 所示。

小结

本节通过对自耦变压器降压启动控制电路图的绘制，熟悉“绘图”命令中的“圆”“圆环”“矩形”“直线”命令和“修改”命令中“复制”“镜像”“修剪”“移动”“偏移”“倒角”命令的使用以及文字标注。

2.2　时间继电器控制电路图的绘制

2.2.1　绘图使用的命令

绘制时间继电器控制电路时使用的命令有：“直线”命令、“复制”命令、“偏移”命令、“圆”命令、“旋转”命令、“镜像”命令、“修剪”命令、“打断”命令、“图案填充”命令等。

2.2.2　绘图步骤

如图 2-32 所示是时间继电器控制的 Y-△减压启动电路，在此介绍 AutoCAD 绘制方法，读者也可尝试用专业电气 CAD 软件进行绘制，然后作一比较。

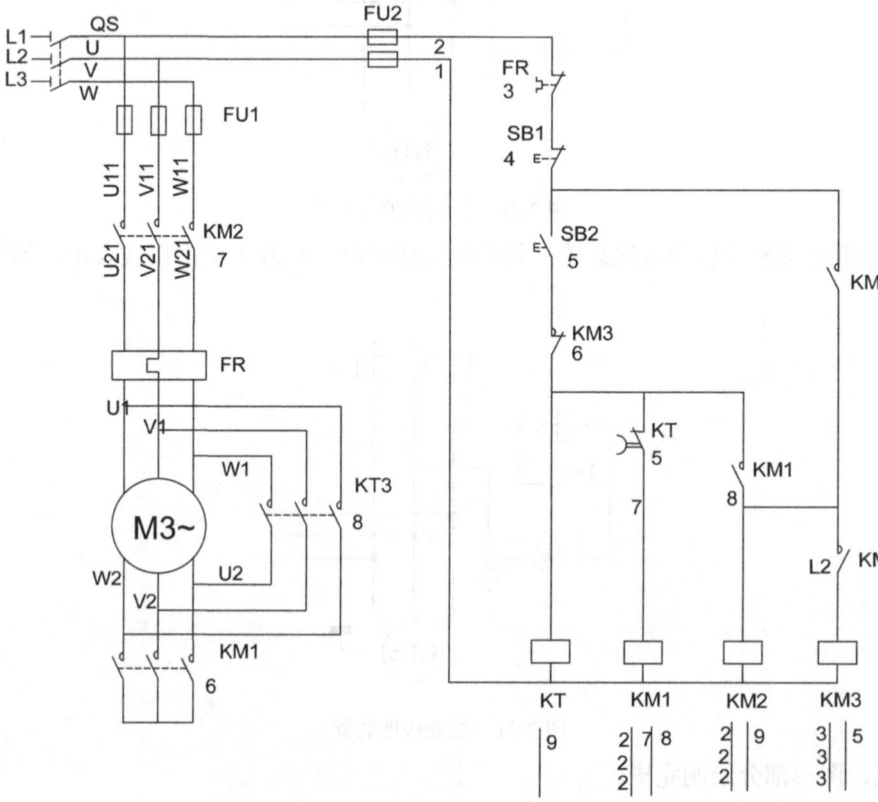

图 2-32　时间继电器控制的 Y-△减压启动电路

1. 图纸布局

(1) 设置绘图空间的图形界限。使用“A3 样板”新建文件，并切换到模型空间。设置图形界限：左上角点为(0，0)，右上角点为(420，297)。

(2) 设置图层。该图有四层包括粗线层、文字层、细实线层、虚线层，各图层设置如表 2-2 所示。

表 2-2　各图层设置表

图层名称	颜 色	线 型	线 宽
粗线层	绿色	Continuous	默认
文字层	蓝色	Continuous	0.3
细实线层	白色	Continuous	默认
虚线层	黄色	HIDDEN2	默认

2. 绘制电气符号

先将图层切换到“粗线层”，再进行以下绘制。

(1) 绘制刀开关。

① 使用“直线”命令，绘制长为 5 的水平线，捕捉其中心点，向上绘制长为 10、向下绘制长为 20 的垂线，如图 2-33(a)所示。

② 使用“偏移”命令，水平线向下偏移 10，使用“直线”命令，过此水平线与垂直线的交点绘制与垂直线的角度为 30° 的斜线段，如图 2-33(b)所示。

③ 使用“修剪”和“删除”命令把多余的线除去，如图 2-33(c)所示。

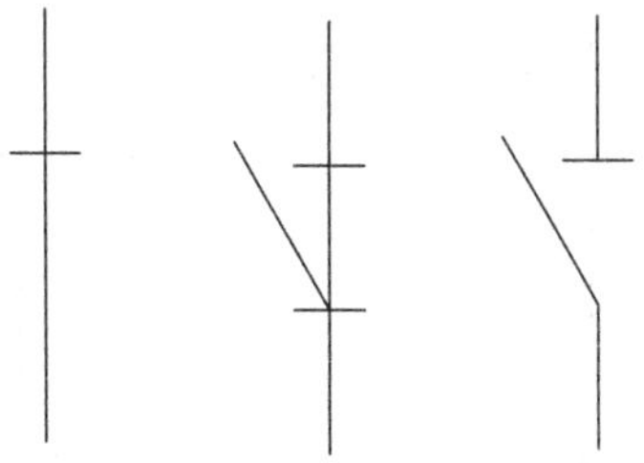

(a)　(b)　(c)

图 2-33　绘制刀开关

(2) 绘制 FU2 熔断器。

① 使用“矩形”命令，绘制出长为 15，宽为 8 的矩形，如图 2-34(a)所示。

② 使用“直线”和“正交”命令，启用中点捕捉来绘制中线，如图 2-34(b)所示。

③ 使用“直线”命令，选中中间线分别向两边拉出各 10 个单位，即完成熔断器的绘制，如图 2-34(c)所示。

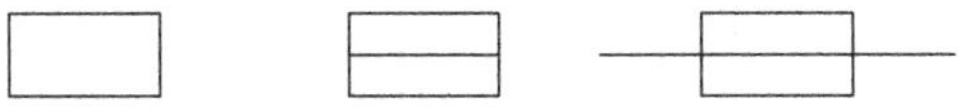

(a)　(b)　(c)

图 2-34　绘制熔断器

(3) 绘制热继电器常闭接点 FR。

① 使用“直线”命令，绘制长为 20 的垂线，如图 2-35(a)所示。

② 使用“直线”命令，捕捉直线中点绘制长为 5 的水平线，然后结合端点捕捉绘制斜线段，如图 2-35(b)和 2-35(c)所示。

③ 使用“修剪”命令修成如图 2-35(d)所示；再使用“直线”命令，绘制长为 10 的垂线，如图 2-35(e)所示；捕捉斜线中点，使用“直线”命令，绘制成如图 2-35(f)所示。

④ 使用“打断”命令绘制成如图 2-35(g)所示形状。

⑤ 再使用“直线”命令，延伸长度为 2 的两段线，如图 2-35(h)所示。

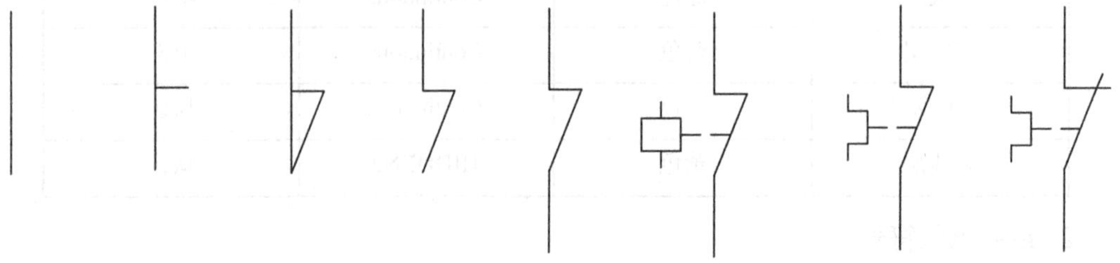

(a)　(b)　(c)　(d)　(e)　(f)　(g)　(h)

图 2-35　热继电器常闭接点

(4) 绘制常闭按钮 SB1。

① 使用“复制”命令，复制 FR，如图 2-36(a)所示。

② 使用“删除”命令，删除多余的线段，如图 2-36(b)所示。

③ 使用“直线”命令，用绘制成如图 2-36(c)所示。

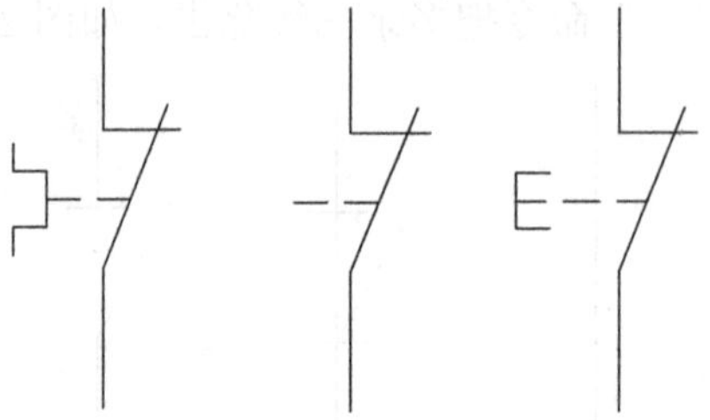

(a)　(b)　(c)

图 2-36　常闭按钮

(5) 绘制常开按钮 SB2。

① 使用“复制”命令，复制 SB1，如图 2-37(a)所示。

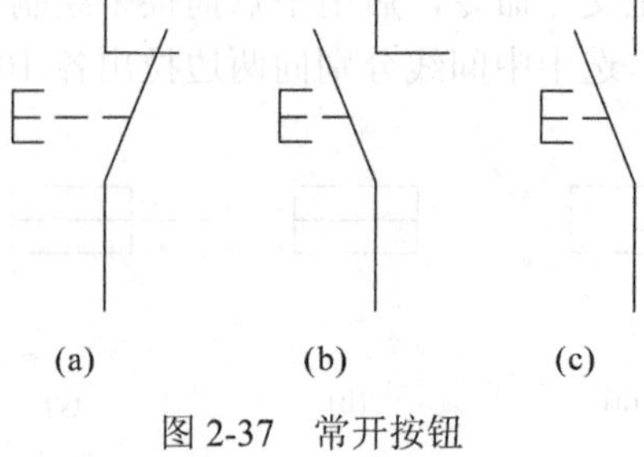

(a)　(b)　(c)

图 2-37　常开按钮

② 使用“镜像”命令绘制成如图 2-37(b)所示形状。

③ 使用“删除”命令绘制成如图 2-37(c)所示形状。

(6) 绘制时间继电器触点。

① 使用“复制”命令，复制 SB1，如图 2-38(a)所示。

② 使用“删除”和“直线”命令绘制成如图 2-38(b)所示形状。

③ 先使用“圆”命令，绘制半径为 5 的圆；然后使用“移动”命令，移动得图 2-38(c)所示形状，最后使用“修剪”命令，修剪成如图 2-38(d)所示图形。

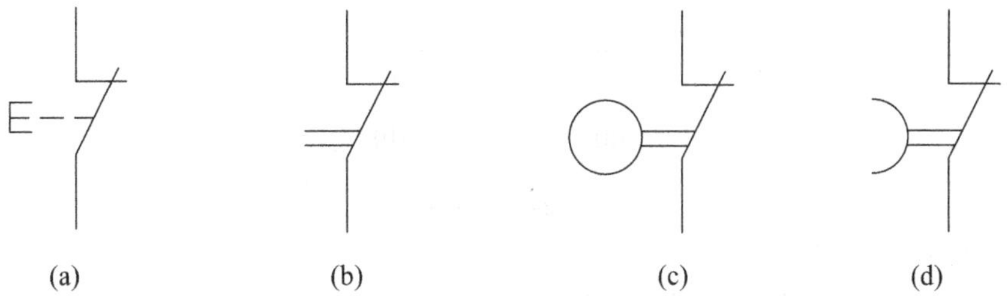

图 2-38　时间继电器触点

(7) 绘制 KM2 常开触点。

① 使用“复制”命令，复制 SB2，如图 2-39(a)所示。

② 使用“删除”命令，删除多余线段，如图 2-39(b)所示。

③ 先使用“圆”命令，绘制半径为 2 的圆，如图 2-39(c)所示；再使用“修剪”命令，修剪成如图 2-39(d)所示图形。

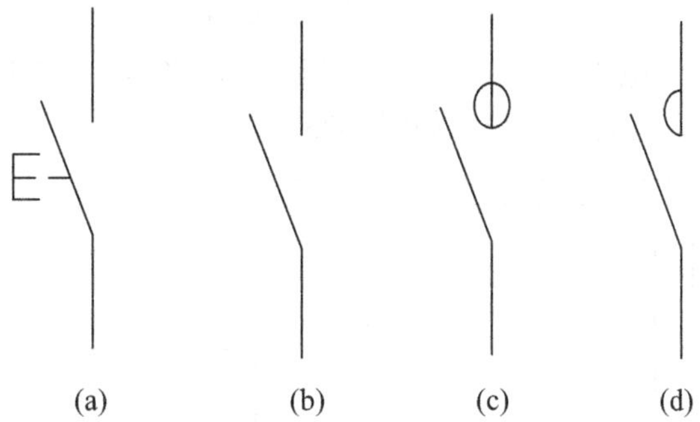

图 2-39　KM2 常开触点

(8) 绘制 KM1 常闭触点。

① 使用“复制”命令，复制 KM2，如图 2-40(a)所示。

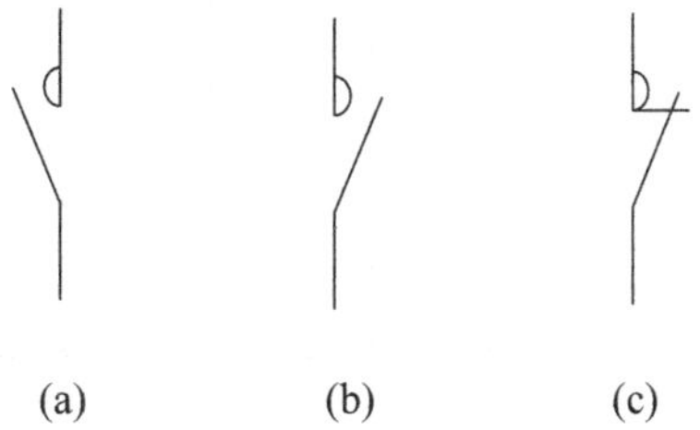

图 2-40　KMl 常闭触点

② 使用“镜像”命令，镜像成如图 2-40(b)所示形状。

③ 使用“直线”命令，可得如图 2-40(c)所示图形。

(9) 绘制线圈。

① 使用“矩形”命令，绘制长为 20，宽为 12 的矩形，如图 2-41(a)所示。

② 中点捕捉编辑得如图 2-41(b)所示图形。

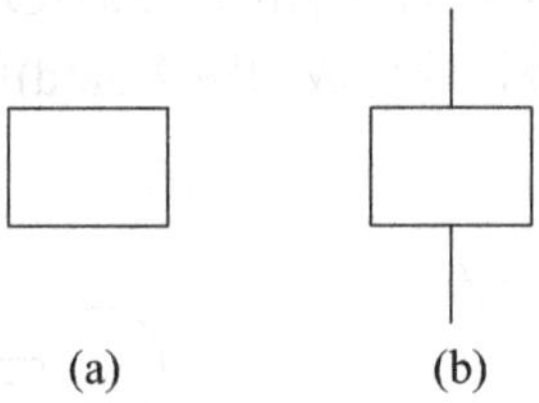

图 2-41　线圈

(10) 绘制热继电器。

① 使用“矩形”命令，绘制出长为 50，宽为 15 的矩形，如图 2-42(a)所示。

② 捕捉矩形上边的中心点。

③ 使用“直线”命令，过此中心点向下 4，左 6，下 7，右 6，如图 2-42(c)所示。

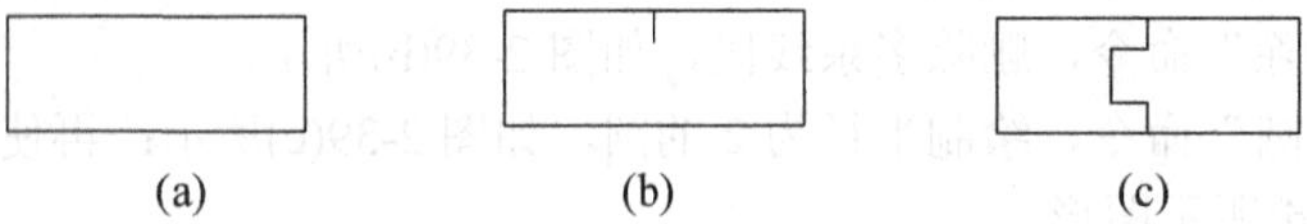

图 2-42　绘制热继电器

(11) 经过以上操作，电路各组成元件已绘制完成，将其保存为图块。提取电路中的主要元件，进行布局，绘制并连接导线，如图 2-43 所示。

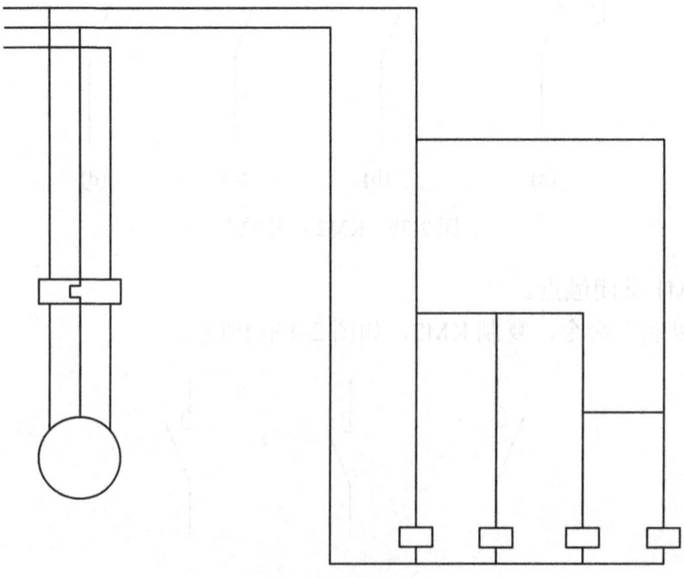

图 2-43　插入主要元气件的图块并连接导线

(12) 插入电路中的其他电气元件的模块，把多余的导线剪去，如图 2-44 所示。

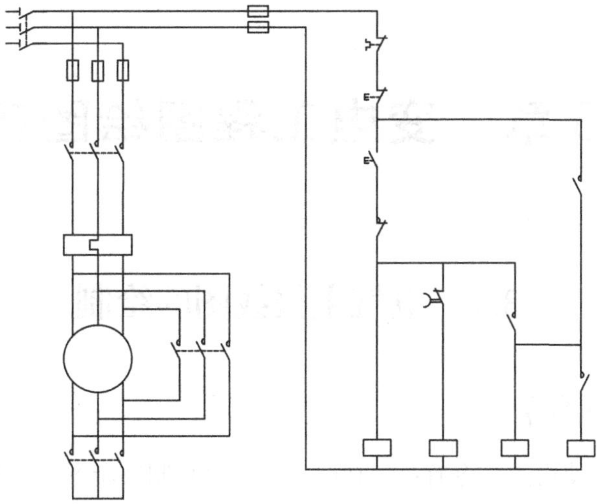

图 2-44　插入其他电气元件的图块

(13) 绘制导线的连接点。

(14) 标注文字。选择合适的文字编辑方法，输入注释文字。

至此图绘制完毕，得到如图 2-32 所示完整的电路图。

小结

本节通过对时间继电器控制的 Y-△减压启动电路的绘制，熟悉“绘图”命令中的“圆”“块”“矩形”“直线”命令和“修改”命令中“复制”“镜像”“修剪”“删除”“偏移”“打断”命令的使用以及文字标注。

第 3 章　变电工程图绘图实例

3.1　电气主接线图的绘制

3.1.1　绘图使用的命令

绘制变电工程图使用的命令有："直线"命令、"复制"命令、"偏移"命令、"圆"命令、"偏移"命令、"镜像"命令、"修剪"命令、"打断"命令和"图案填充"命令等。

3.1.2　绘图步骤

图 3-1 是某无人值守变电站的一次电气主接线图。全图基本上由图形符号、连接线组成，不涉及绘图比例。绘制这类图的要点：一是合理绘制图形符号；二是布局合理，图面美观。

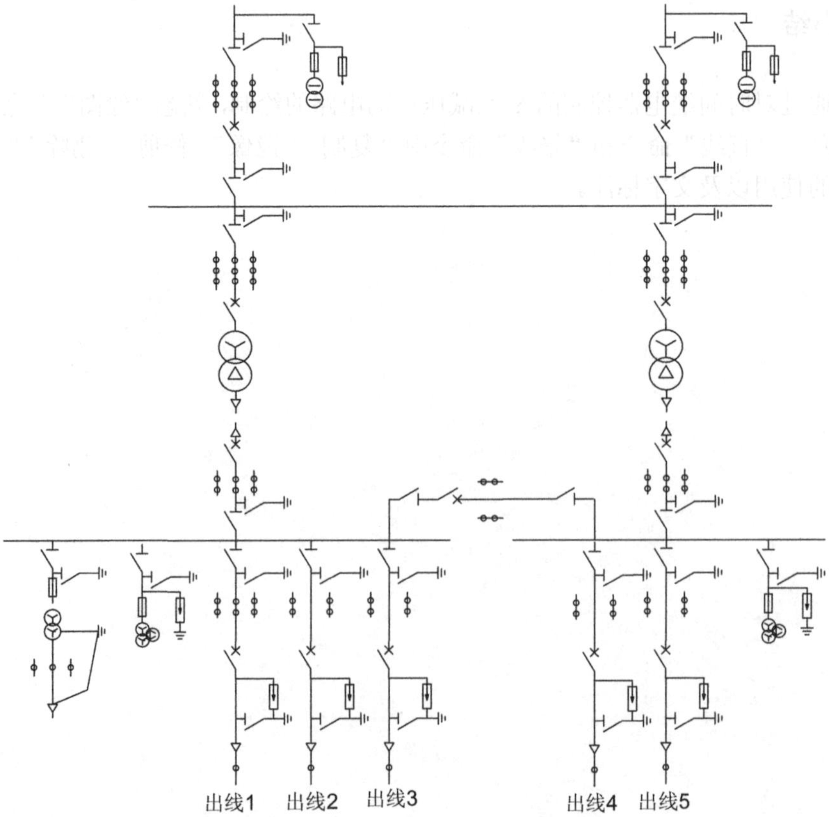

图 3-1　某 35kV 变电所一次主接线示意图

1. 图纸布局

(1) 设置绘图空间的图形界限。使用“A3 样板”新建文件，并切换到模型空间。设置图形界限：左上角点为(0，0)，右上角点为(420，297)。

(2) 设置图层。新建四个图层，分别是定位线层、电气符号层、母线层和标注层。先单击“格式”→“图层”命令弹出“图层特性管理器”对话框，再单击工具栏中的“新建图层”按钮，将图层名称设置为“定位线层”，线型选择虚线类型，其余参数可采用默认值。各图层设置如表 3-1 所示。

表 3-1　各图层设置表

图层名称	颜 色	线 型	线 宽
定位线层	绿色	CENTERX2	默认
电气符号层	白色	Continuous	0.3
母线层	白色	Continuous	默认
标注层	红色	Continuous	默认

2. 绘制定位线层

在定位线层绘制构造线，以“偏移”方式确定各部分图形要素的位置。为减小构造线对绘制图形元素的影响，利用“修剪”命令对构造线进行初步修剪。修剪后如图 3-2 所示。

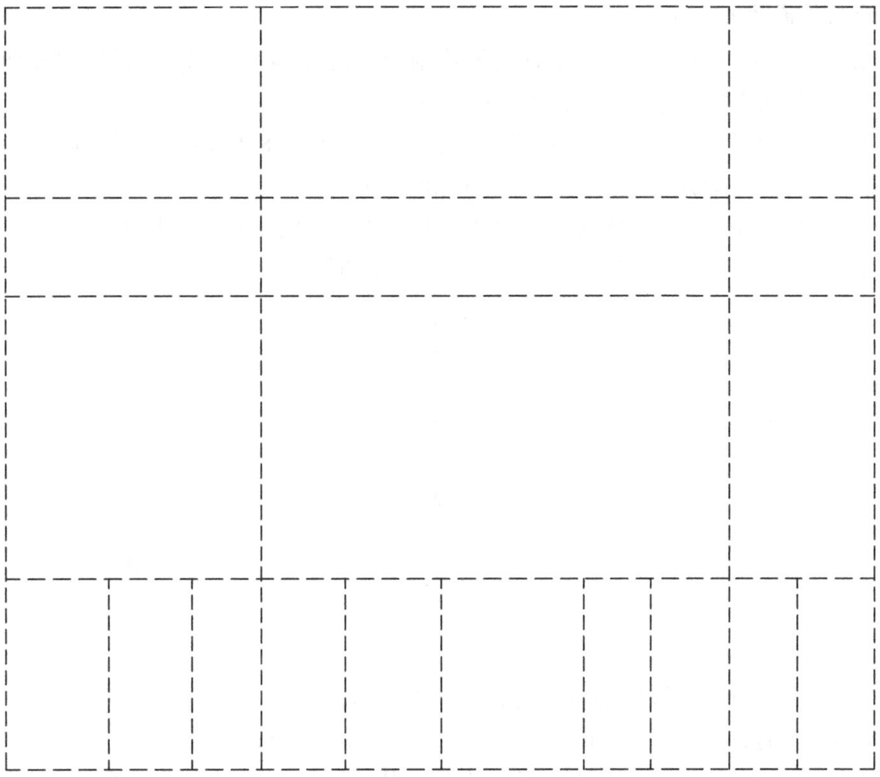

图 3-2　修剪后的定位线层框图

3. 绘制电气符号层

先将图层切换到“电气符号层”，再进行以下绘制。

1) 绘制变压器符号

(1) 使用“圆”命令，绘制一个半径为 6 的圆；然后使用“复制”命令，在正交方式下复制该圆，形成变压器简易符号。上圆为圆 1，下圆为圆 2，如图 3-3(a)所示。

(2) 使用“直线”命令，以圆心 1 为端点，正交向下绘制长度为 4 的直线；然后使用“阵列”命令，圆形阵列该直线，如图 3-3(b)所示。

(3) 使用“多边形”命令，以圆心 2 为圆心，绘制一个半径为 3 的圆内接正三角形，如图 3-3(c)所示。

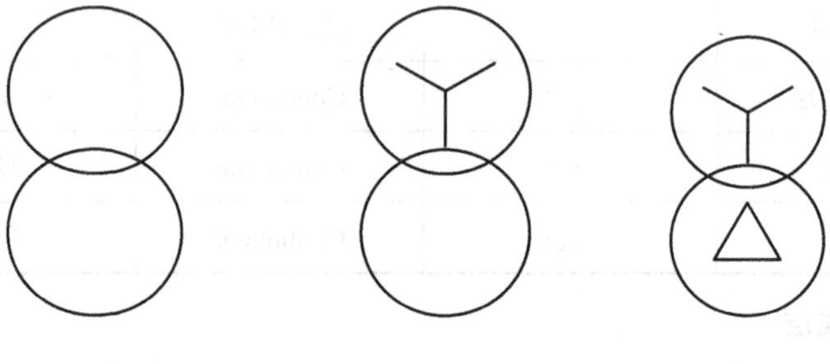

(a)　　(b)　　(c)

图 3-3　绘制变压器符号

2) 绘制隔离开关符号

(1) 使用“直线”命令，在正交方式下绘制一条长为 14 的竖线，如图 3-4(a)所示。

(2) 启用极轴追踪，角增量设置为 30°。

(3) 使用“直线”命令，距直线底部 3.5 处绘制一条长为 8 的斜线，斜线倾斜角为 120°，水平线的端点可通过捕捉垂足得到，如图 3-4(b)所示。

(4) 使用“移动”命令，移动水平短线，基点为该线的中点，目标为垂足。

(5) 使用“修剪”命令，修剪成如图 3-4(c)所示图形。

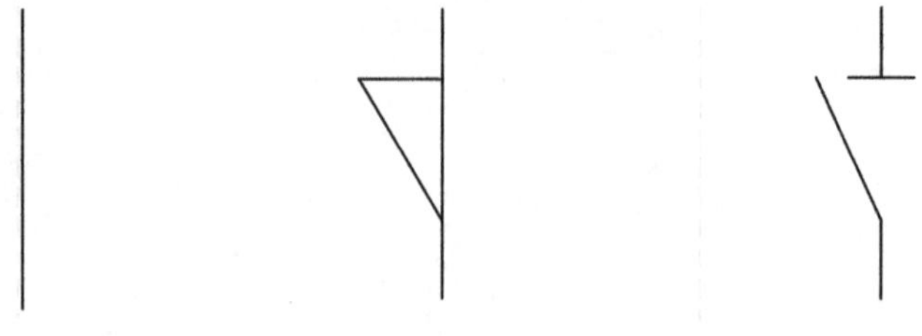

(a)　　(b)　　(c)

图 3-4　绘制隔离开关符号

3) 绘制断路器符号

可通过编辑隔离开关符号的方法得到断路器符号。

(1) 使用“直线”命令，复制隔离开关符号，如图 3-5(a)所示。

(2) 使用“旋转”命令，旋转已复制的隔离开关符号上的短横线；基点为交点，旋转 45°，如图 3-5(b)所示。

(3) 使用“镜像”命令，镜像旋转后得到的短斜线，如图 3-5(c)所示。

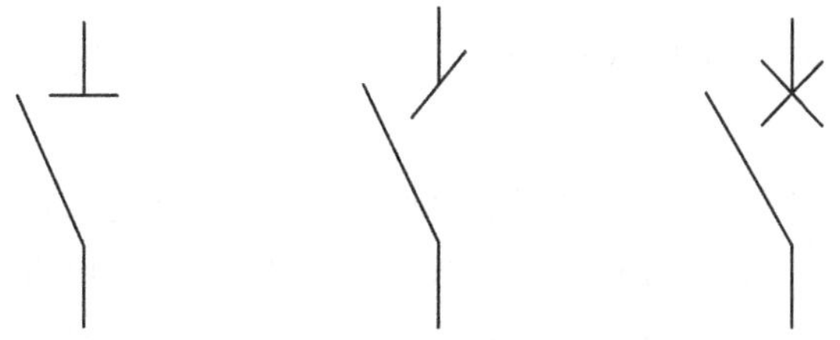

(a)　(b)　(c)

图 3-5　绘制断路器符号

4) 绘制接地开关、电缆接头、电容器等符号

接地开关、避雷器、电缆接头、跌落式熔断器符号如图 3-6 所示。

(1) 绘制接地开关：在隔离开关的底部增加接地符号，如图 3-6(a)所示。

(2) 绘制电缆接头：先绘制一个半径为 2 的圆内接正三角形；然后利用端点捕捉三角形顶端绘制一长 2 的直线；最后在中点捕捉三角形底部绘制一条长为 3 的直线，如图 3-6(b)所示。

(3) 绘制跌落式熔断器：斜线倾斜角为 120°，绘制一合适尺寸的矩形，将其旋转 30°，然后以短边中点为基点移动至斜线上合适的最近点，如图 3-6(c)所示。

(4) 绘制电流互感器：绘制半径为 1.3 的圆，通过捕捉圆心绘制直线，如图 3-6(d)所示。

(5) 绘制电容器：表示两极的短横线长度取 3，线间距离取 1，如图 3-6(e)所示。

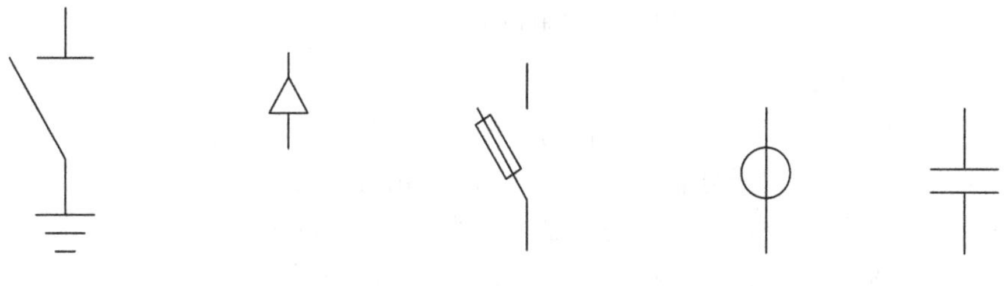

(a)　(b)　(c)　(d)　(e)

图 3-6　接地开关、电缆接头、跌落式熔断器、电流互感器、电容器的符号

5) 绘制站用变压器符号

可通过修改变压器符号的方法得到站用变压器符号。

(1) 使用“复制”命令，复制变压器符号，如图 3-7(a)所示。

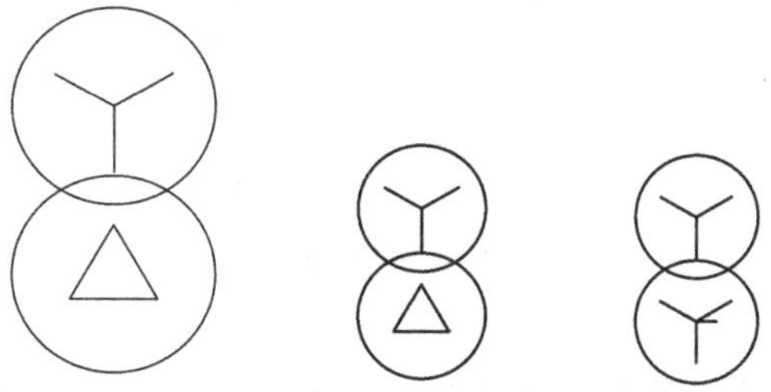

(a)　(b)　(c)

图 3-7　绘制站用变压器符号

(2) 使用“比例”命令，即比例缩放命令，将复制后的变压器符号缩小 0.5 倍，如图 3-7(b)所示。

(3) 使用“删除”命令，删除Δ型接线，复制 Y 型接线符号，如图 3-7(c)所示。

6) 绘制电压互感器符号

电压互感器符号可以在站用变压器的基础上，添加一个表示 L 型接线的线圈。

(1) 使用“复制”命令，复制站用变压器符号，然后缩小 0.8 倍，如图 3-8(a)所示。

(2) 使用“复制”命令，复制站用变压器的一个圆移到合适位置，如图 3-8(b)所示。

(3) 使用“多边形”命令，以上述圆的圆心为中心点，绘制一个半径为 2 的圆内接正三角形；然后以圆心为基点把正三角形旋转至图 3-8(c)所示的位置。

(4) 在合适的位置绘制一条垂直辅助线，然后以这条直线作剪切边，修剪正三角形后删除辅助线，可得图 3-8(d)所示的万能接线电压互感器符号。

(5) 在第一步的基础上，删去 Y 型接线，并过圆心绘制一直线，可得到如图 3-8(e)所示的单相电压互感器符号。

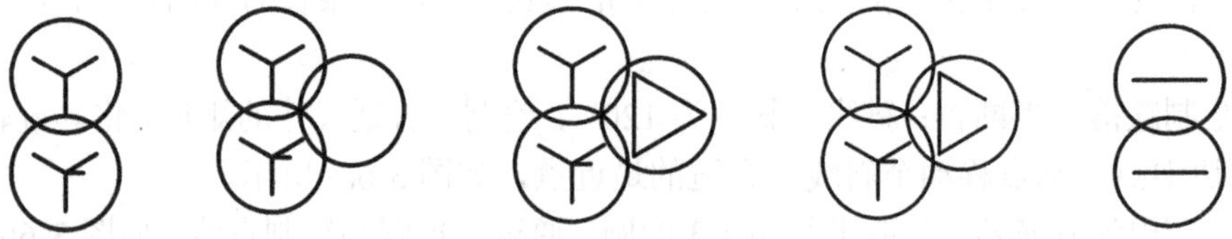

(a)　(b)　(c)　(d)　(e)

图 3-8　绘制电压互感器符号

7) 绘制阻波器符号

(1) 使用“圆”命令，绘制一个半径为 1 的圆，如图 3-9(a)所示。

(2) 采用矩形阵列方式或复制方式绘制如图 3-9(b)所示的图形。

(3) 使用“直线”命令，通过圆心绘制一直线，如图 3-9(c)所示。

(4) 使用“修剪”命令，修剪掉多余的线，如图 3-9(d)所示。

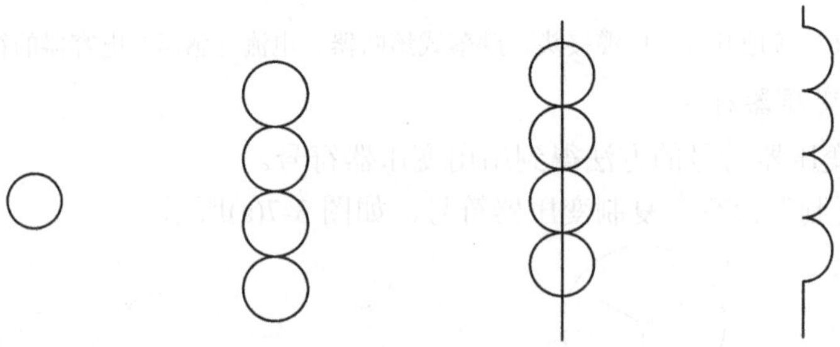

(a)　(b)　(c)　(d)

图 3-9　绘制阻波器符号

8) 绘制避雷器符号

(1) 使用“矩形”命令，绘制一个宽为 3，高为 9 的矩形，如图 3-10(a)所示。

(2) 使用“多段线”命令，绘制箭头部分，如图 3-10(b)所示。

(3) 插入接地符号即可得到如图 3-10(c)所示的避雷器符号。

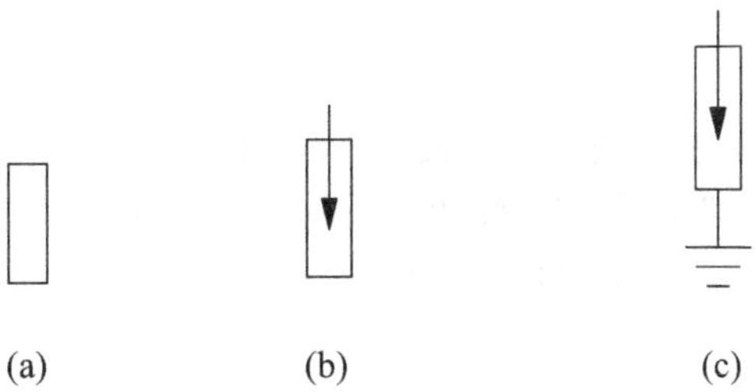

图 3-10　绘制避雷器符号

4. 绘图步骤

绘制 10 kV 母线所接的各出线上电气设备接线。

(1) 插入已做好的元件块，将其连成一条支路如图 3-11 所示中的 I 段母线。

(2) 在正交方式下，使用“复制”命令，根据出线数复制出线，复制后各出线间的距离均为 30。

(3) 使用“直线”命令，绘制出电压互感器回路及变压器回路。

(4) 使用“直线”命令，绘制 10 kV 母线，采用单直线表示，线宽宜设置为 1。

(5) 使用“直线”命令，绘制母线联络开关及 II 段母线设备，绘制后如图 3-11 所示。

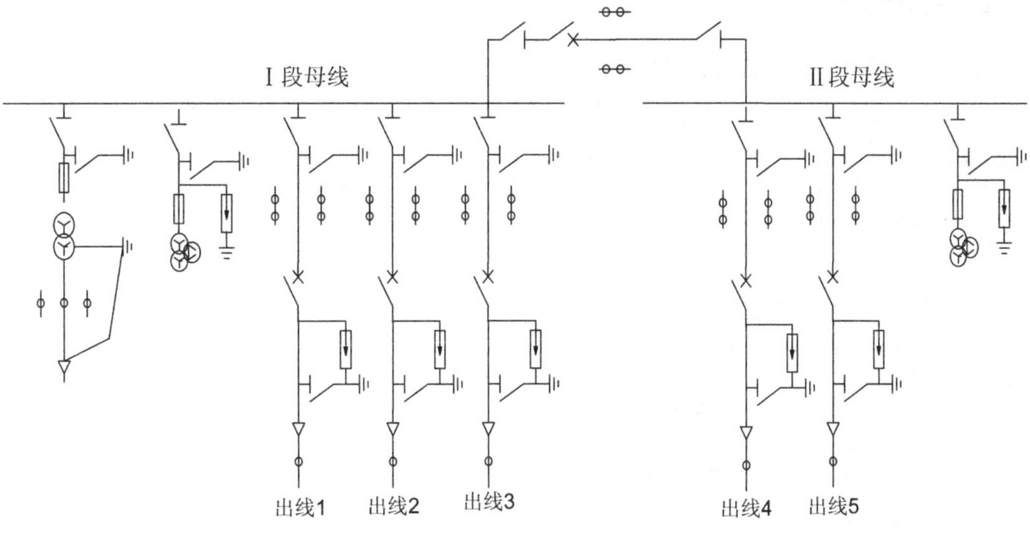

图 3-11　10 kV 母线上所接的出线方案

5. 绘制变压器回路

(1) 插入已做好的元件块，将其连成一条支路。

(2) 在正交方式下，使用“复制”命令，复制另一变压器支路，并将其移至合适位置。

6. 绘制其他类似线路图形

绘制 35 kV 进线及母线电压互感器的方法与 10 kV 线路类同，绘制后的图形如图 3-1 所示。至此图形部分的绘制基本完成。在绘图过程中应将已做好的元件作为图块使用，或利用相关专业软件提供的图块进行组合，以便提高效率。

小结

本节通过对某 35 kV 变电所一次主接线示意图的绘制，使学生熟悉“绘图”命令中的“圆”“直线”“图案填充”命令和“修改”命令中“复制”“镜像”“修剪”“打断”“偏移”等命令，加深对电气主接线图的了解，为将来设计主接线图打好坚实的基础。

3.2　电气总平面布置图的绘制

电气总平面布置图主要由设备符号以及各连接线组成，本节主要介绍电气总平面布置图的绘制方法。

3.2.1　绘图使用的命令

绘制该图主要使用“复制”“偏移”“移动”“多线”“图案填充”“等分”“修剪”“镜像”“点编辑”等命令。

3.2.2　绘图步骤

绘制如图 3-12 所示电气总平面布置图。

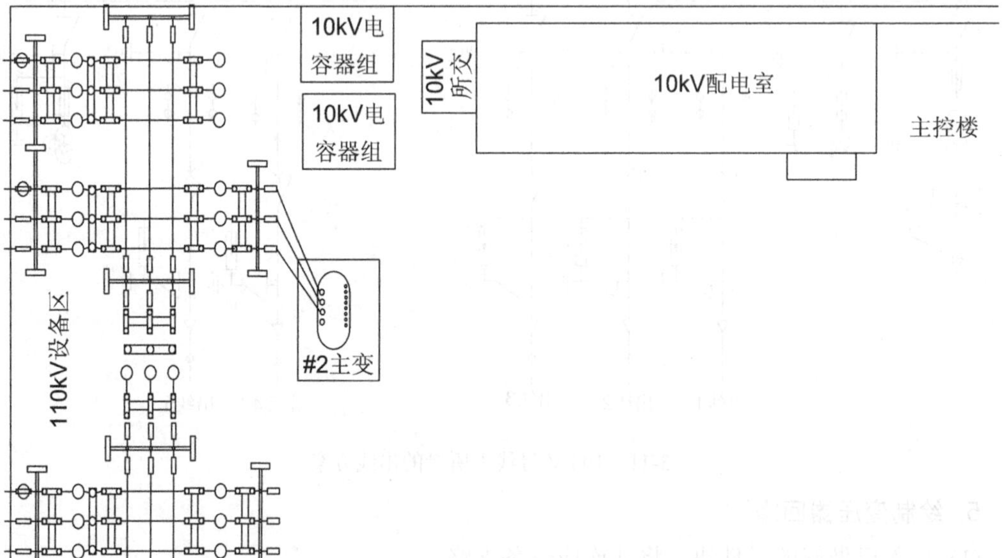

图 3-12　电气总平面布置图

1. 图纸布局

(1) 绘图空间图形界限的设置。绘图界限的设置方法同 3.1，绘图空间左下角点为默认值，右上角点的设置可根据用户绘制图形的大小设定，本图右上角点设置为“右上角点 <841.0，594.0>”。

(2) 图层的设置。本图包括定位线层、母线(架构)层、设备符号层、标注层四层，也可根据图纸的不同灵活设置。

2. 定位线层绘制

在定位线层绘制构造线，以“偏移”方式确定各部分图形要素。为减小构造线对绘制图形元素的影响，可利用“修剪”命令对构造线进行初步修剪，如图 3-13 所示。

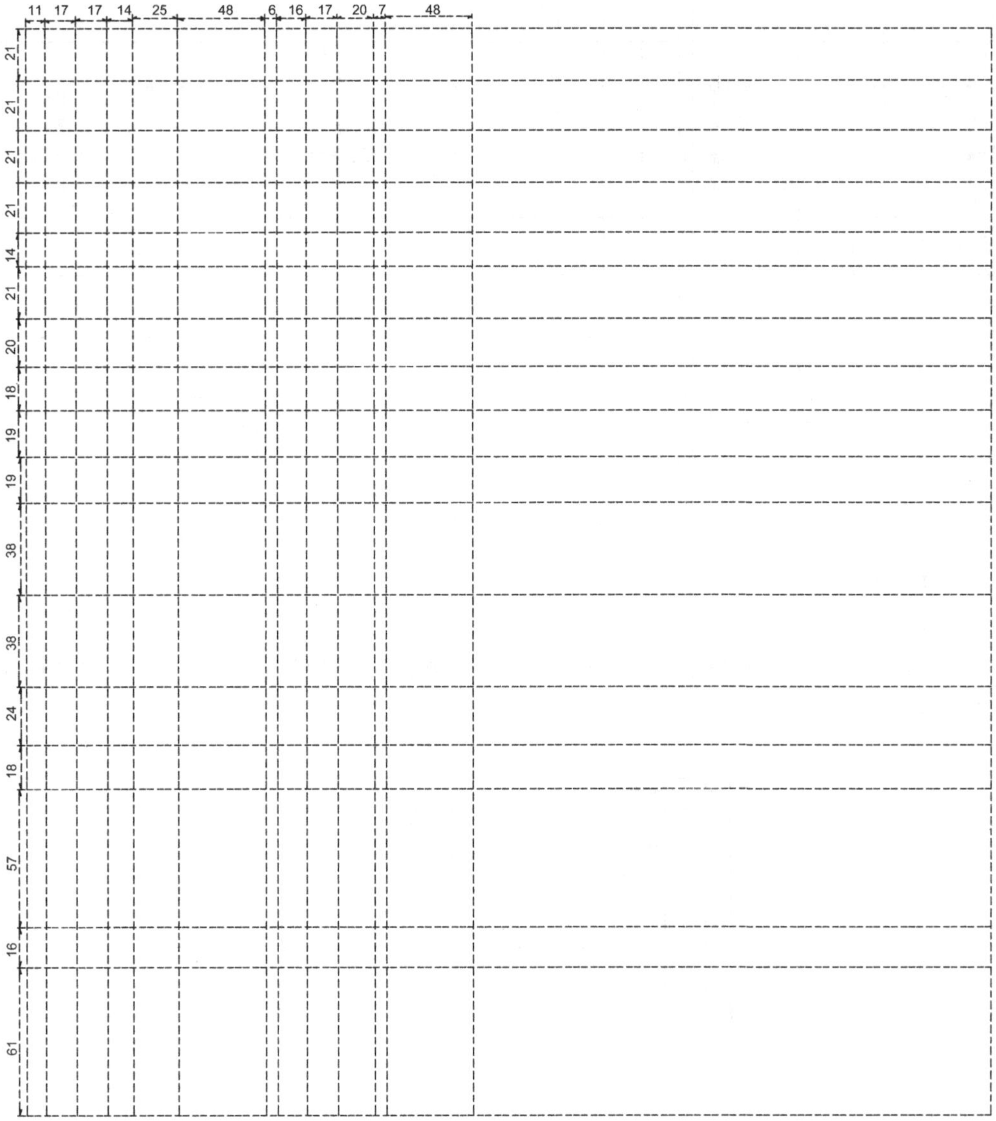

图 3-13　定位线层

3. 母线(架构)层绘制

用“直线”“矩形”“移动”“偏移”等命令，根据上述框架标注，绘制出“母线”部分如图 3-14 所示。

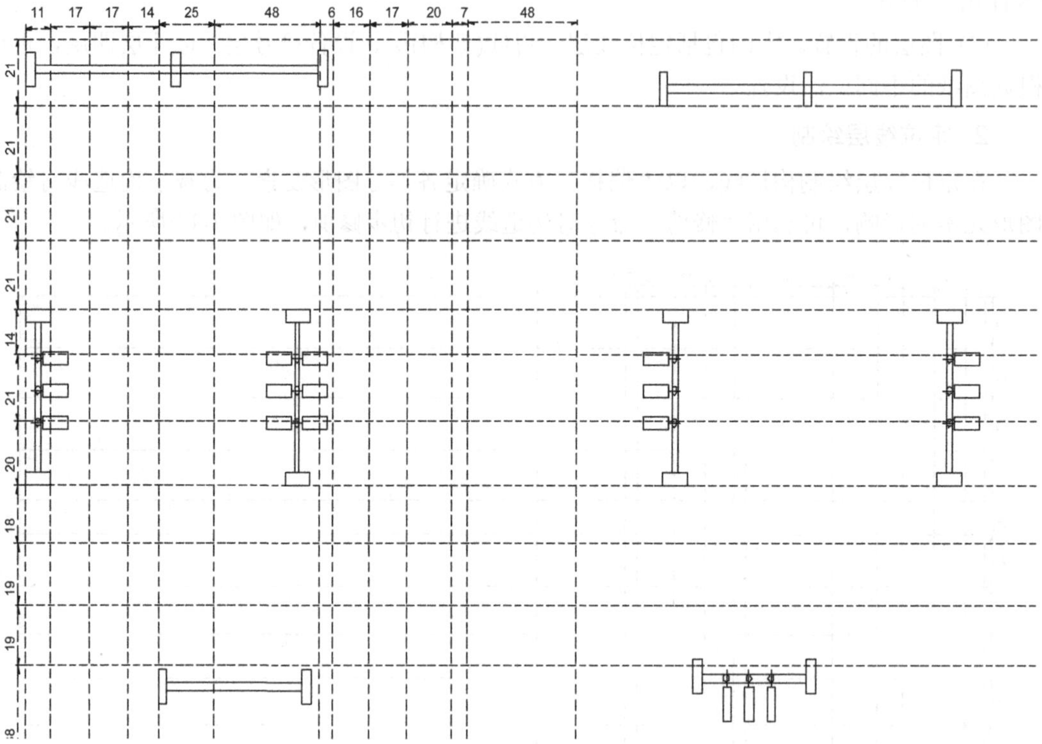

图 3-14　母线层的绘制

4. 设备符号层的绘制

1) 绘制隔离开关

绘制隔离开关要用的命令有：“矩形”“圆”“修剪”“镜像”“复制”命令。尺寸标注可参照图 3-15。

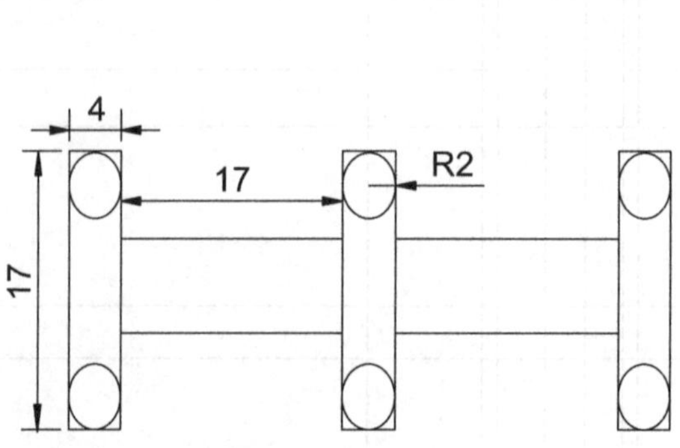

图 3-15　隔离开关

2) 绘制断路器

绘制断路器部分用到的命令有：“矩形”“圆”“修剪”“镜像”“复制”命令。尺寸标注可参照图 3-16。

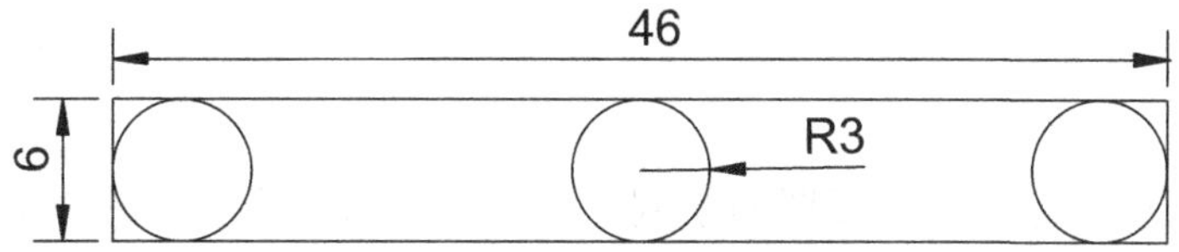

图 3-16　断路器

3) 绘制电流互感器(一相)

绘制电流互感器需用到的命令有："矩形""圆""修剪""镜像""复制" 命令。绘制尺寸可参照如图 3-17 所示。

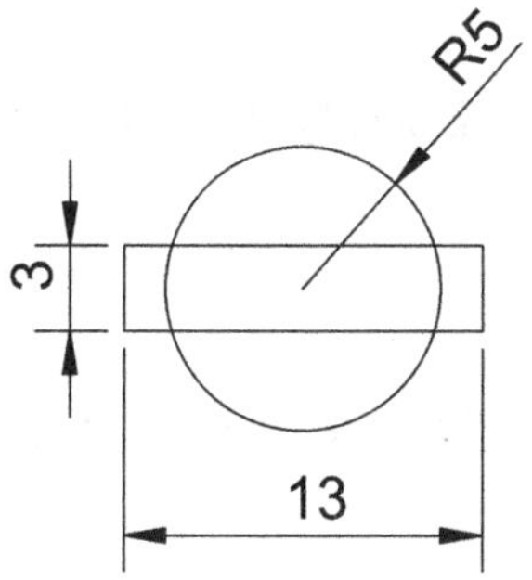

图 3-17　电流互感器(一相)

4) 变压器的绘制方法

(1) 绘制一个长为 62，高为 72 的矩形作为变压器基座，如图 3-18(a)所示。

(2) 绘制一个长为 29，高为 25 的矩形，拾取该矩形高的两个端点，用两点方式绘制两圆，修剪后得如图 3-18(b)所示。

(3) 绘制接线端小圆，以半径为 2 的小圆作为高压侧接线点，半径为 1 的小圆作为低压侧接线点，如图 3-18(c)所示。

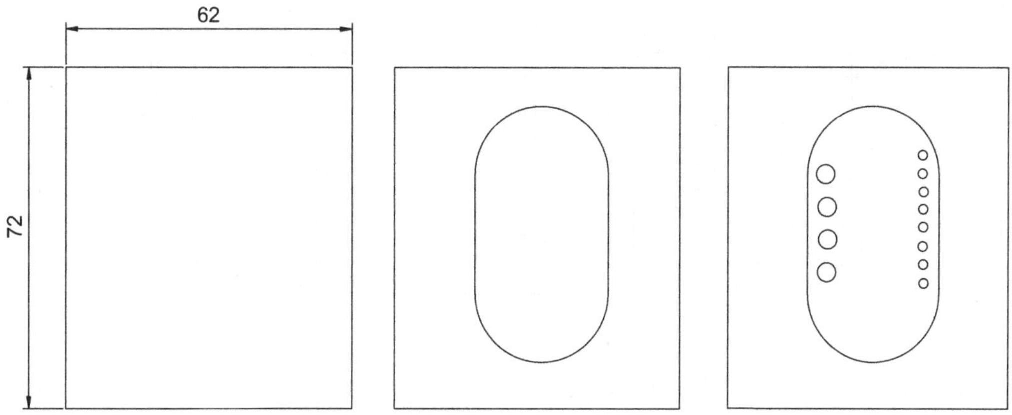

(a)　(b)　(c)

图 3-18　变压器的绘制

总体连接后最终图形如图 3-12 所示。

小结

本节通过对电气总平面布置图的绘制，使学生熟悉“绘图”命令中的“直线”“多线”“矩形”“图案填充”“点编辑”命令和“修改”命令中“复制”“移动”“偏移”“镜像”“修剪”等命令，掌握一些基本电气设备简易符号的绘制方法，为将来绘图设计打好基础。

3.3　变电所断面图的绘制

变电所断面图主要由实物设备简易符号以及连接线组成，本节主要介绍变电所断面图的绘制方法。

3.3.1　绘图使用的命令

变电所断面图主要使用“复制”“偏移”“移动”“多线”“图案填充”“等分”“修剪”“镜像”“点编辑”等命令绘图。

3.3.2　绘图步骤

图 3-19 为变电所断面整体效果图。

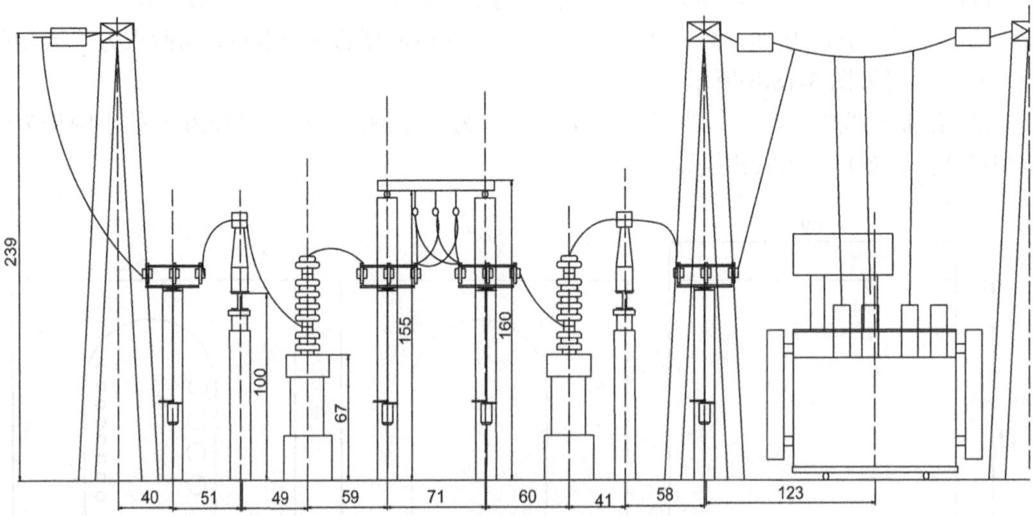

图 3-19　变电所断面整体效果图

本图适合使用 A3 大小的国标图纸，可使用“A3 样板”绘制新图。使用“A3 样板”新建文件时，先切换到模型空间再进行绘图操作。

1. 图纸布局

(1) 绘图空间图形界限的设置。绘图界限的设置方法同前面介绍的一样，绘图空间左下角点为默认值，右上角点的设置可根据用户绘制图形的大小设定，本图右上角点设置为“右上角点<841.0，594.0>”。

(2) 图层的设置。本图包括定位线层、设备符号层、标注层三层。也可根据图纸的不同灵活设置。

2. 定位线层绘制

在定位线层绘制构造线，以“偏移”方式确定各部分图形要素。为减小构造线对绘制图形元素的影响，利用“修剪”命令对构造线进行初步修剪，结果如图 3-20 所示。

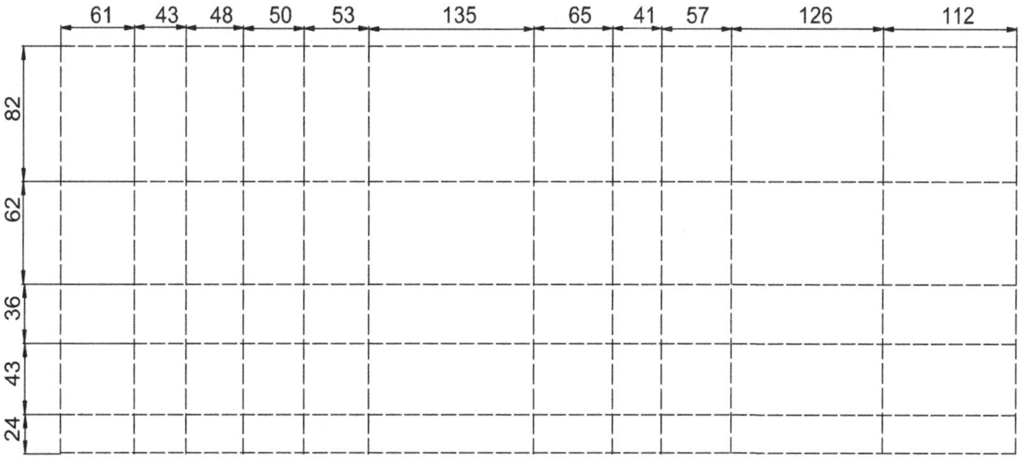

图 3-20　定位线层的绘制

从左到右，定位线层的偏移距离依次为 61、43、48、50、53、135、65、41、57、126 和 112，由上到下分别是 82、62、36、43 和 24。

3. 设备符号层绘制

设备符号可以只绘制出其示意符号，而不需要按它们的真实尺寸和形状进行绘图。所有图形应在设备符号层绘制，并根据需要适当调整线宽。

1) 隔离开关的绘制方法

(1) 先绘制一个宽为 15，高为 80 的矩形作为杆塔底部设备(如图 3-21(a)所示)。

(2) 以杆塔最底部直线为基准，绘制一条水平方向的直线，称为直线 1；将直线 1 向上偏移，偏移距离为 20，偏移后得到的直线称为直线 2；捕捉杆塔底部设备的底边中点绘制一条垂线，称为直线 3，如图 3-21(b)所示。

(3) 使用“矩形”命令，绘制一个宽为 1，高为 2 的矩形，称为矩形 1。移动矩形 1，基点为其上边中点，目标点为直线 1 和直线 3 的交点。绘制一个宽为 8，高为 10 的矩形，称为矩形 2。移动矩形 2，基点为其上边中点，目标点为距形 1 下边的中点，如图 3-21(c)所示。

(4) 在矩形 2 的正下方绘制一个梯形。以一直线与水平方向成一定角度先绘制一条直线，然后可用“镜像”命令，绘制出与其对称的另一条直线，并用“直线”命令将两条直线闭合，如图 3-21(d)所示。

(5) 绘制操作左右两个手柄。先绘制宽为 10，高为 0.5 的矩形，可用“图案填充”中的“填充单色”命令，将其填充，并移动到合适位置，如图 3-21(e)所示。

(6) 删除直线 1、直线 2 和直线 3，按图 3-21(f)所标注的尺寸绘制杆塔顶部结构图。

(7) 使用“修剪”命令，将穿过矩形 2 和下方梯形的直线修剪掉，如图 3-21(g)所示。

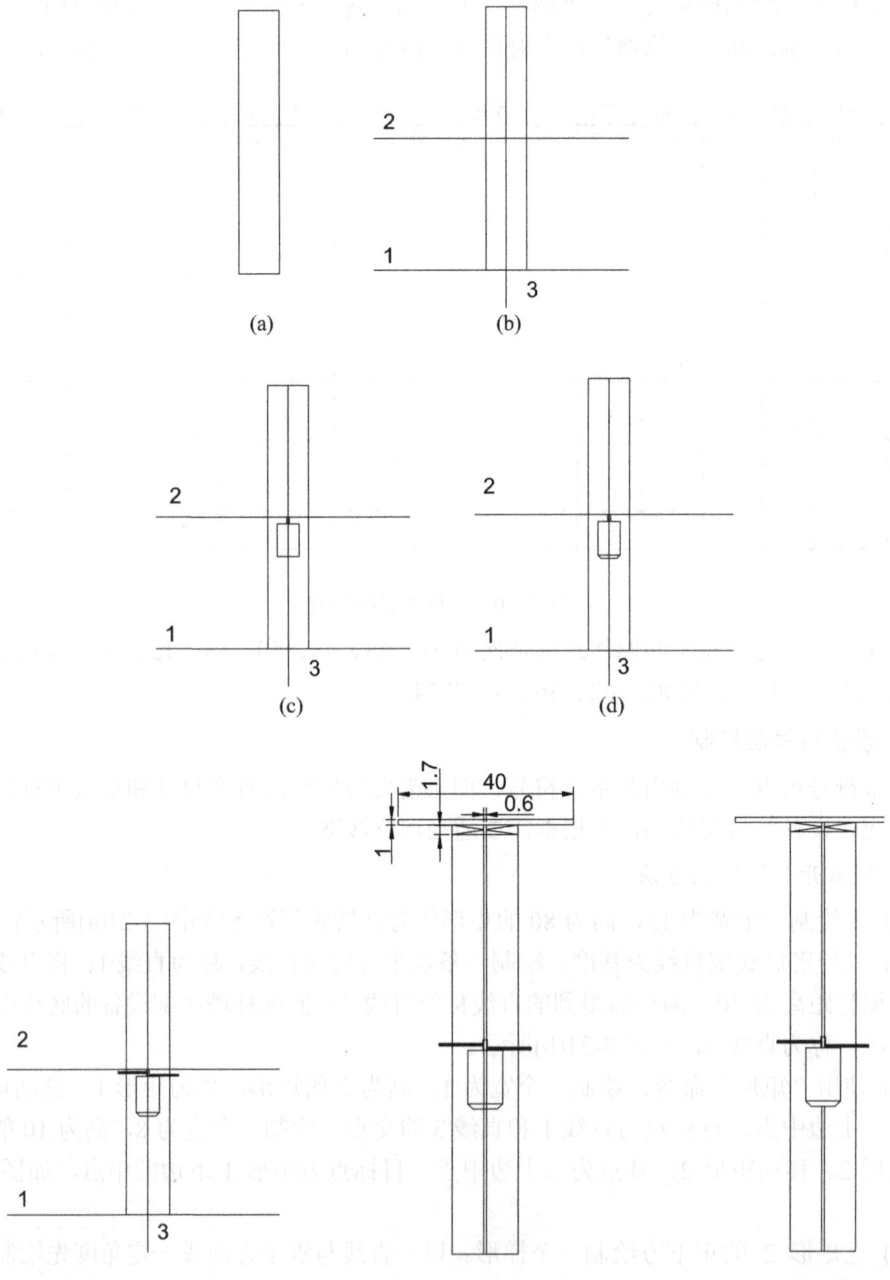

(a)　(b)　(c)　(d)　(e)　(f)　(g)

图 3-21　隔离开关的绘制

2) 110 kV 隔离开关的绘制方法

(1) 绘制一个宽为 6，高为 13 的矩形，称为矩形 1，如图 3-22(a)所示。

(2) 绘制一个宽为 2，高为 3 的矩形，并将其移动到矩形 1 内适当位置，称为矩形 2，如图 3-22(b)所示。

(3) 复制矩形 2，如图 3-22(c)所示。

(4) 用“分解”“延伸”“修剪”命令，将第(3)步图形修整为最终图形，如图 3-22(d)所示。

(5) 用“复制”命令，复制两个相同的绝缘子，各绝缘子间距离为 20；再用“矩形”“复制”“剪切”命令，绘制隔离开关的刀闸部分，如图 3-22(e)所示。在最后拼合图形时，将三个绝缘子放置于杆塔顶部。

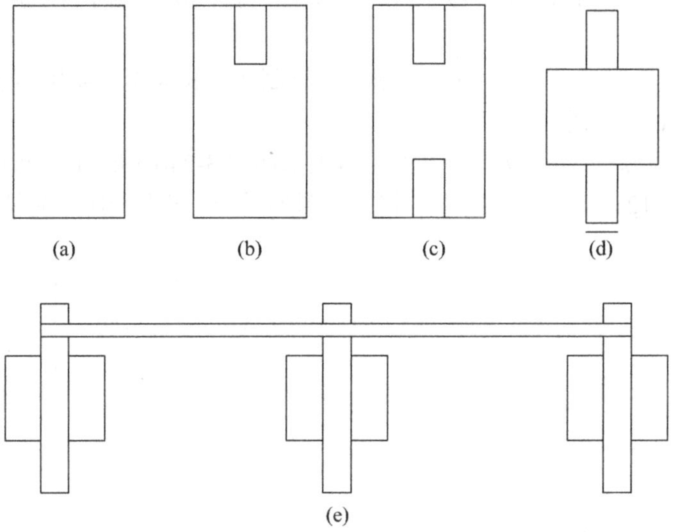

图 3-22　110 kV 隔离开关的绘制

3) 断路器的绘制方法

(1) 绘制一个宽为 18，高为 50 的矩形，如图 3-23(a)所示。

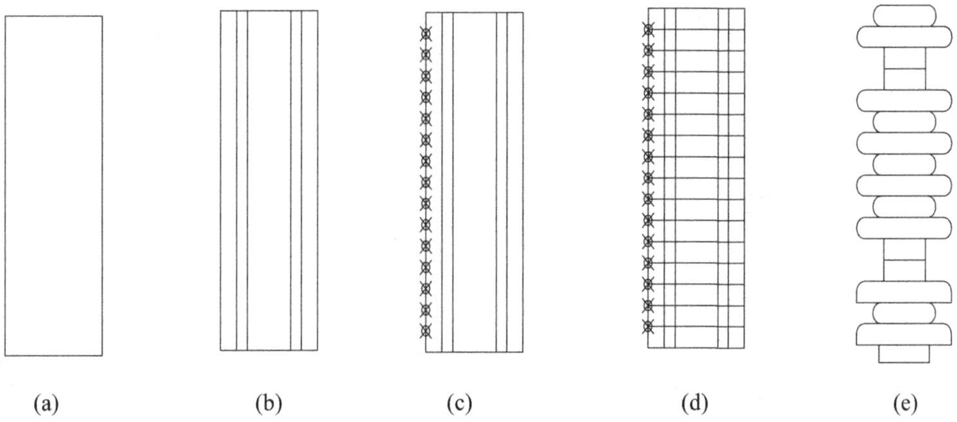

图 3-23　断路器的绘制

(2) 用“分解”命令将所绘制的矩形分解，再将其两条垂直边分别向里偏移 3 和 5，如图 3-23(b)所示。

(3) 执行“格式”→“点样式”命令，设置点样式为 ⊗，点大小设置为 5%，用“定数等分”命令将矩形的长边 16 等分，如图 3-23(c)所示。

(4) 用“直线”命令，开启捕捉节点及垂点(或交点)模式绘制一条直线。

(5) 先用“多重复制”命令绘制其余直线，如图 3-23(d)所示；再将点样式设置为“空白”样式，并对矩形进行圆角操作，矩形的圆角半径可取 1.5。圆角后如图 3-23(e)所示。

4) 变压器简易符号的绘制方法

(1) 绘制一个长为 120，高为 3 的矩形，并在其底部适当位置绘制两个半径为 2 的小圆，成为变压器底座如图 3-24(a)所示。

(2) 绘制一个长为 118，高为 73 的矩形，将其分解。最上边向下分别偏移 1 和 15 如图 3-24(b)所示。

(3) 绘制一个长为 12，高为 69 的矩形，再绘制两个长为 7，高为 5 的矩形，将 3 个矩形拼合如图 3-24(c)所示图形。

(4) 同样用绘制矩形的方法，绘制变压器上部如图 3-24(d)所示(按标注长度进行绘制)。

(5) 绘制长为 12，高为 28 的矩形。将所有图形拼合，可得变压器简易符号如图 3-24(e)所示。

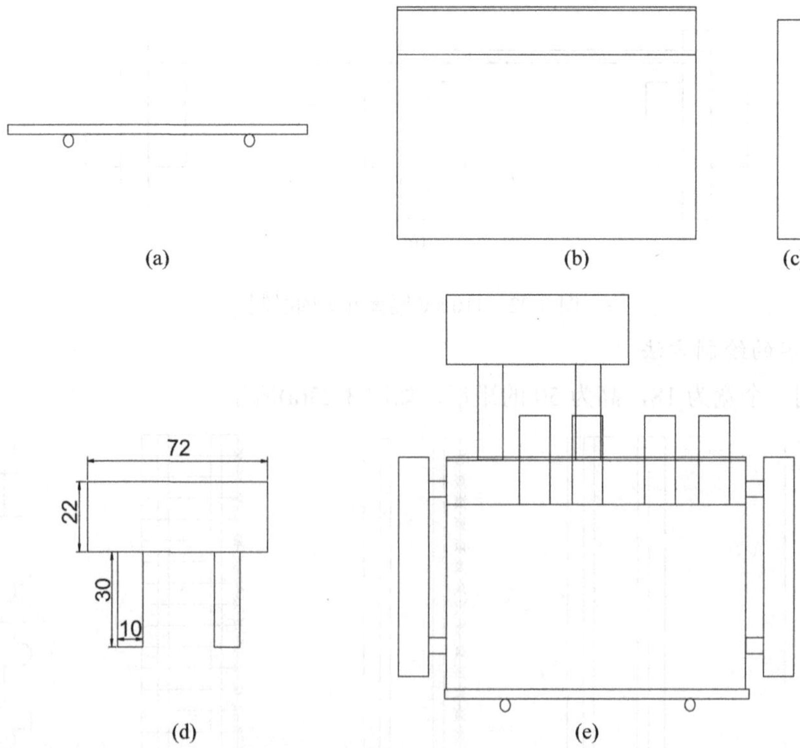

图 3-24　变压器简易符号的绘制

5) 电流互感器简易符号的绘制方法

(1) 绘制一个长为 12，高为 13 的矩形作为电流互感器的底部，在底部矩形正上方距离为 21 处绘制一个长为 11，高为 8 的矩形作为顶部，如图 3-25(a)所示。

(2) 将上下两矩形用斜线连接，如图 3-25(b)所示。

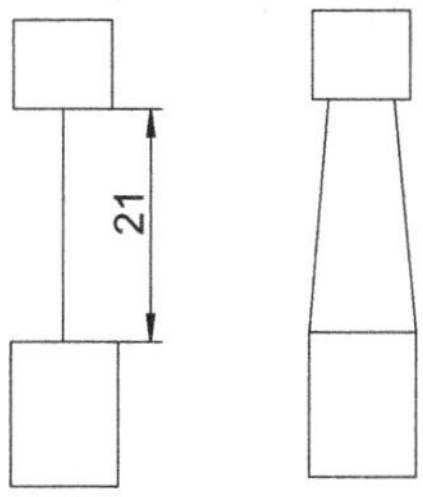

图 3-25　电流互感器简易符号的绘制

绘制连接导线，得到变电所断面图形如图 3-26 所示。

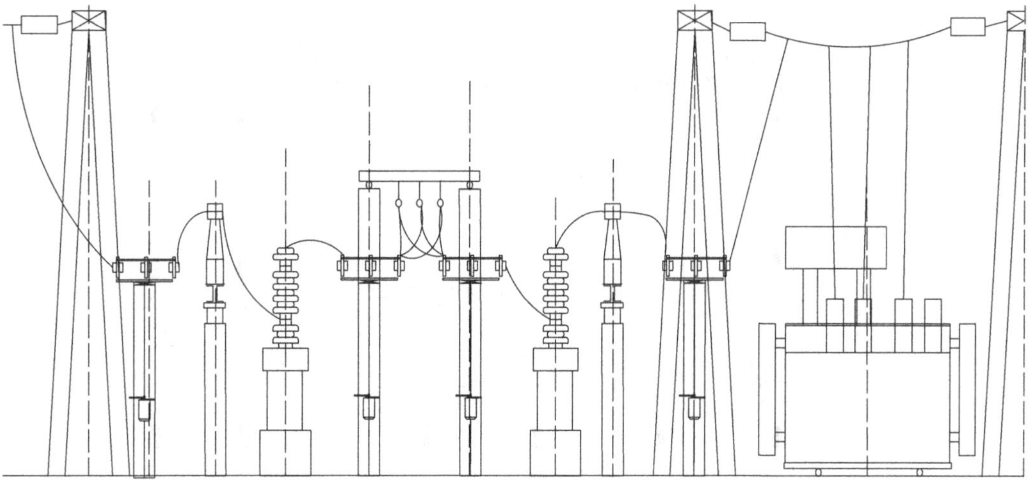

图 3-26　变电所断面图形

4. 标注层绘制

在命令栏处将当前图层设置为“标注层”，使用“线性标注”及“连续标注”命令，标注后如图 3-18 所示。

小结

本节通过对变电所断面图的绘制，使学生熟悉“绘图”命令中的“圆”“直线”“图案填充”命令和“修改”命令中“复制”“移动”“偏移”“镜像”“修剪”等命令，学习绘制立体图的基本方法，加深对电力图形的了解。

3.4　配电装置图的绘制

本节主要介绍配电装置图的绘制方法。

3.4.1　绘图使用的命令

配电装置图主要运用“复制”“偏移”“移动”“多线”“图案填充”“等分”“修剪”“镜像”和“圆”等命令绘制。

3.4.2　绘图步骤

图 3-27 为 35 kV 配电装置图。

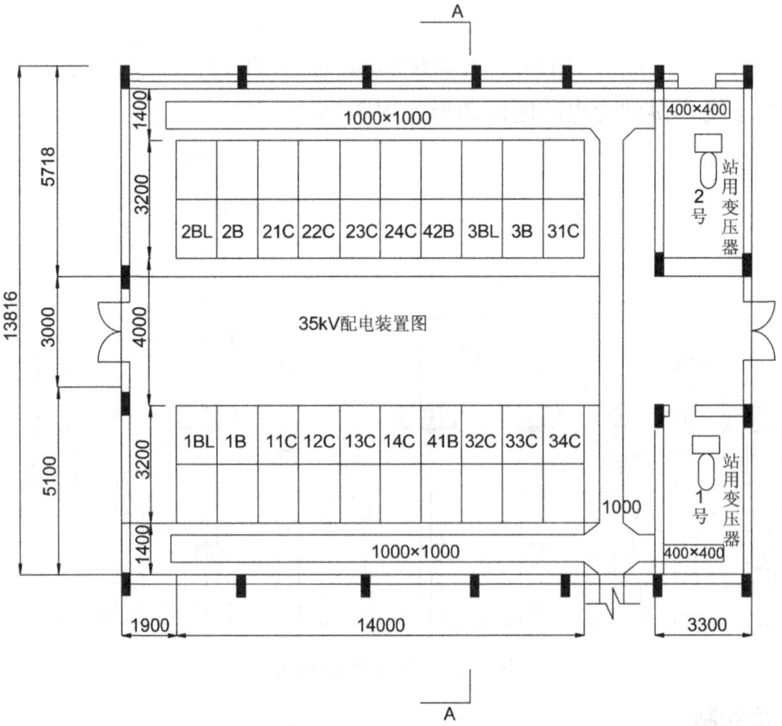

图 3-27　35 kV 配电装置图

本图适合使用 A3 大小的国标图纸，可使用“A3 样板”绘制新图。使用“A3 样板”新建文件时，应切换到模型空间进行绘图操作。

1. 图纸布局

(1) 绘图空间图形界限的设置。绘图界限的设置方法同前面介绍的一样，绘图空间左下角点为默认值，右上角点的设置可根据用户绘制图形的大小设定，本图右上角点设置为“右上角点<25000.0000，15000.0000>”。

(2) 图层的设置。本图包括定位线层、图形线框层、标注层三个图层。也可根据图纸的不同灵活设置图层。

2. 定位线层的绘制

在定位线层绘制构造线，以“偏移”方式确定各部分图形要素。为减小构造线对绘制图形元素的影响，利用“修剪”命令对构造线进行初步修剪。结果如图 3-28 所示。

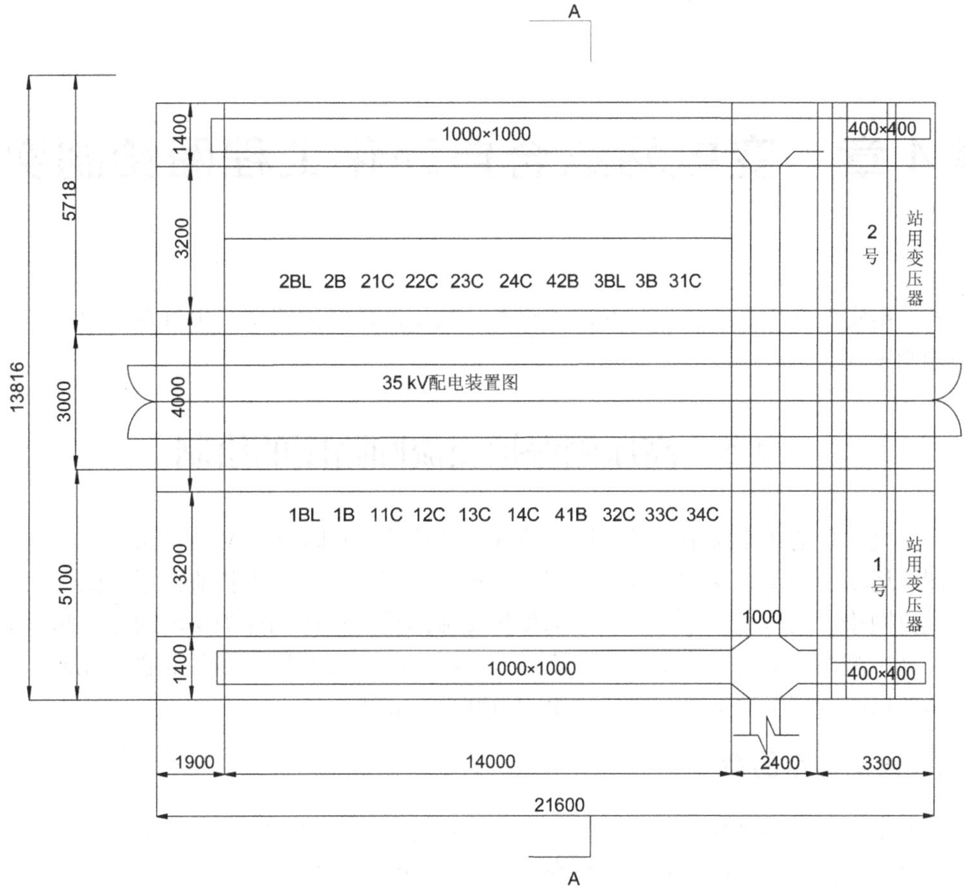

图 3-28　定位线层的绘制

3. 图形线框层、标注层的绘制

根据定位线所标示的位置，用“直线”“圆”“偏移”命令绘制各图形线框；再切换至“标注层”对各线框进行标注，如图 3-27 所示。

小结

本节通过配电装配图的绘制，训练学生综合框架绘制的能力，使学生熟悉“绘图”命令中的“圆”“直线”“构造线”命令和“修改”命令中“复制”“移动”“偏移”“修剪”等命令，更好地提高绘图技能。

第 4 章　变电站综合自动化工程图绘制实例

本章用实例介绍高压侧保护交流回路图、高压侧信号回路图、电气端子图、安装尺寸图的绘制过程。

4.1　高压侧保护交流回路图的绘制

在变电站自动化系统中比较常用且配置较简单的 110 kV/10 kV 双绕组变压器包括保护配置图、运动配置图、保护监控原理图、保护监控屏配图等。保护监控原理图包括高压侧保护交流回路、高压侧信号回路、差动保护交流回路、低压侧保护交流回路、测量交流回路等。高压侧保护交流回路由交流电流输入、零序电流输入和交流电压输入组成。

本节以高压侧保护交流回路图的绘制为例进行介绍。

4.1.1　绘制使用的命令

绘制本例使用的命令有："直线"命令、"复制"命令、"偏移"命令、"圆"命令、"旋转"命令、"镜像"命令、"修剪"命令、"打断"命令和"图案填充"命令等。

4.1.2　绘图步骤

绘制如图 4-1 所示的高压侧保护交流回路图。

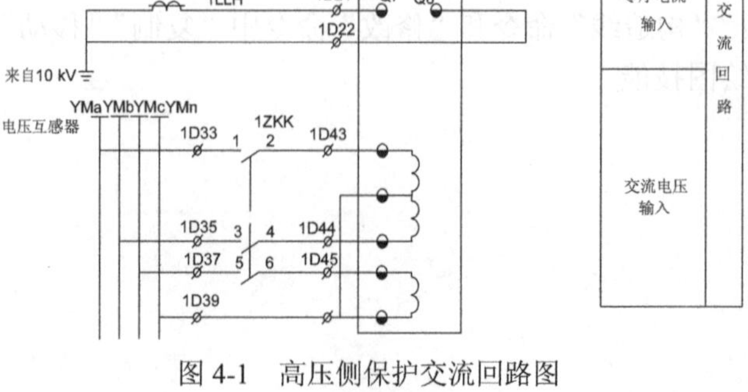

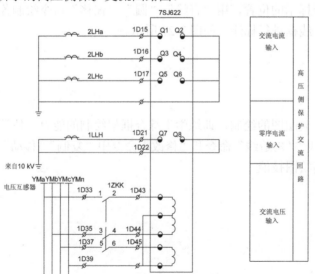

图 4-1　高压侧保护交流回路图

1. 图纸布局

(1) 设置绘图空间的图形界限。使用“A3 样板”新建文件，并切换到模型空间。设置图形界限：左上角点为(0，0)，右上角点为(420，297)。

(2) 设置图层。该图包括定位线层、电气符号层、连接线层、标注层四个图层，各图层设置如表 4-1 所示。

表 4-1　各图层设置表

图层名称	颜 色	线 型	线 宽
定位线层	白色	CENTERX2	默认
电气符号层	白色	Continuous	0.3
连接线层	白色	Continuous	默认
标注层	绿色	Continuous	默认

2. 绘制定位线层

在定位线层绘制构造线，以“偏移”方式确定各部分图形要素的位置。为减小构造线对绘制图形元素的影响，利用“修剪”命令对构造线进行初步修剪，如图 4-2 所示。

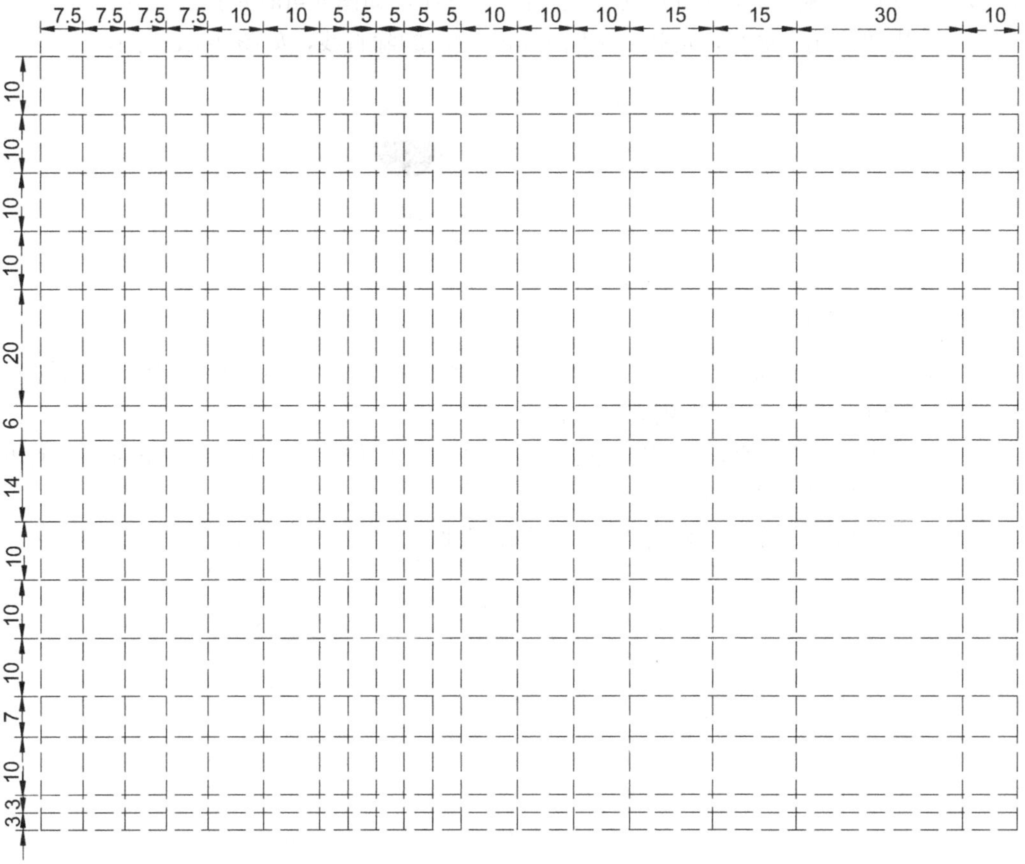

图 4-2　修剪后的定位线层

3. 绘制电气符号

先将图层切换到“电气符号层”，再进行以下绘制。

1) 绘制接线端符号

(1) 先使用“圆”命令，绘制一个半径为 1 的圆；再使用“直线”命令，分别以该圆的上象限点向上 1 个单位和下象限点向下 1 个单位为起点和端点，绘制一条直线，如图 4-3(a)所示。

(2) 使用“旋转”命令，以圆心为旋转基点，旋转角度为 −45°（顺时针旋转），如图 4-3(b)所示。

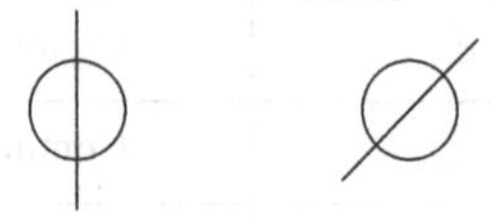

(a)　　(b)

图 4-3　绘制接线端符号

2) 绘制保护装置的接入端符号

(1) 先使用“圆”命令，绘制一个半径为 1.5 的圆；再使用“直线”命令，分别以该圆的左象限点和右象限点为起点和端点，绘制一条直线，如图 4-4(a)所示。

(2) 使用“填充”命令，选择上半圆填充白色，删除直线，如图 4-4(b)所示。

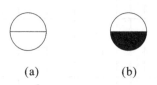

(a)　　(b)

图 4-4　绘制保护装置接入端符号

3) 绘制电压线圈符号

(1) 先使用“圆”命令，绘制一个半径为 2 的圆；再使用“复制”命令，以圆的上象限点为复制基点，捕捉圆的下象限点，如图 4-5(a)所示。

(2) 使用“直线”命令，分别以上圆的上象限点向上 1 个单位和下圆的下象限点向下 1 个单位为起点和端点绘制一直线，如图 4-5(b)所示。

(3) 使用“修剪”命令，修剪两个左半圆以及圆内直线，如图 4-5(c)所示。

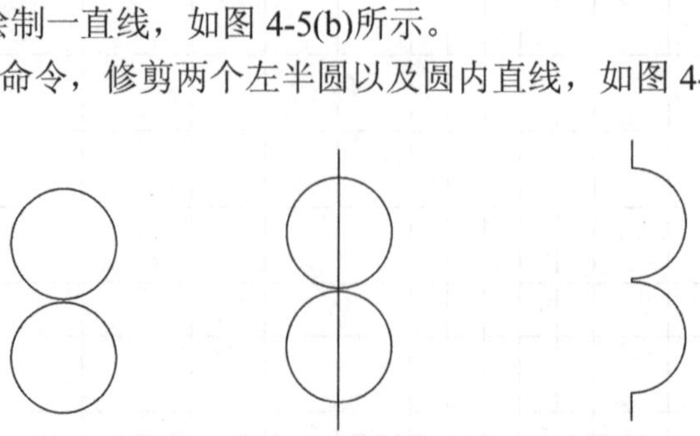

(a)　　(b)　　(c)

图 4-5　绘制电压线圈符号

4) 绘制电流互感器符号

(1) 使用“圆”命令，先绘制一个半径为 2 的圆；再以第一个圆的右象限点为基点，用两点方式绘制一个半径为 2 的圆，如图 4-6(a)所示。

(2) 使用“直线”命令，分别以左圆的左象限点向左 1 个单位和右圆的右象限点向右 1 个单位为起点和端点，绘制一条直线，如图 4-6(b)所示。

(3) 使用“修剪”命令，修剪两个下半圆，如图 4-6(c)所示。

(4) 使用“偏移”命令，将直线向上偏移 1 个单位，并删除偏移之前的直线，如图 4-6(d)所示。

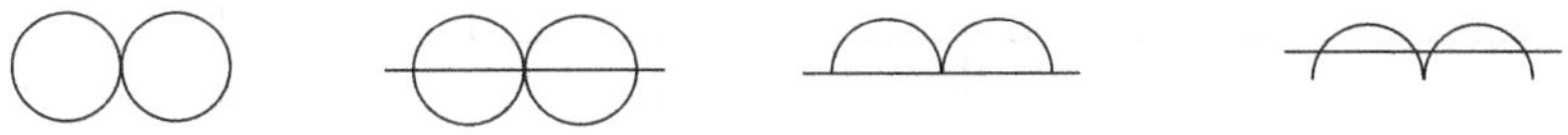

(a)　(b)　(c)　(d)

图 4-6　绘制电流互感器符号

5) 绘制接地符号

(1) 先使用“直线”命令，绘制一条长度为 4 的直线；再使用“偏移”命令，将该直线向下偏移三条直线，偏移值分别为 1、2、3，如图 4-7(a)所示。

(2) 使用“直线”命令，以最上方直线的左端点和最下方直线的中点为起点和端点绘制一条直线，再以最上方直线的右端点和最下方直线的中点为起点和端点绘制一条直线，如图 4-7(b)所示。

(3) 使用“修剪”命令，删除多余的直线，修剪成如图 4-7(c)所示图形。

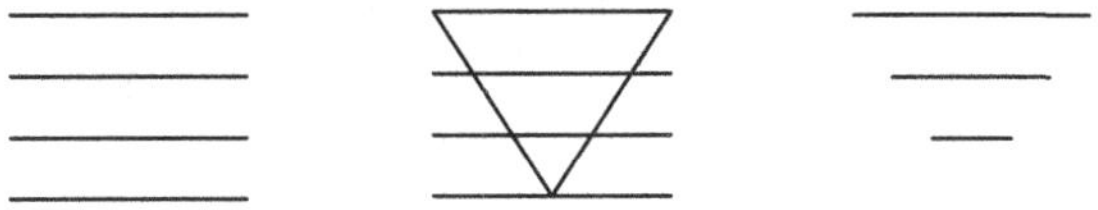

(a)　(b)　(c)

图 4-7　绘制接地符号

4. 绘制连接线层

将图层切换到“连接线层”进行以下绘制。

(1) 绘制支路 1。使用“移动”命令，移动各组件到支路合适位置，使用“修剪”命令，进行修剪，修剪成如图 4-8 所示图形。

(2) 绘制支路 2。使用“移动”命令，移动各组件到支路合适位置，使用“修剪”命令，进行修剪，修剪成如图 4-9 所示图形。

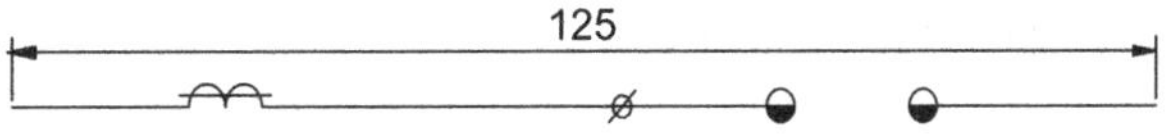

图 4-8　支路 1

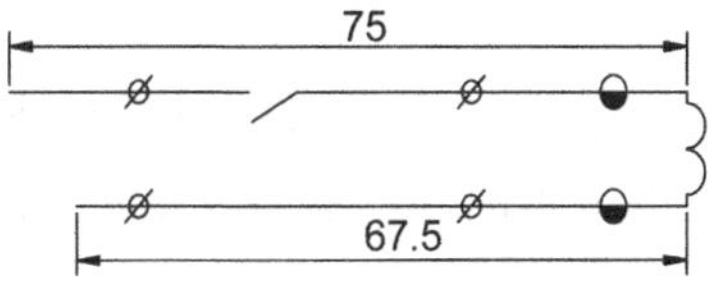

图 4-9　支路 2

(3) 绘制所有支路及框架。使用“移动”命令，将移动各组件到支路合适位置，使用“修剪”“删除”“打断”等命令完成所有支路及框架的绘制，如图 4-10 所示。

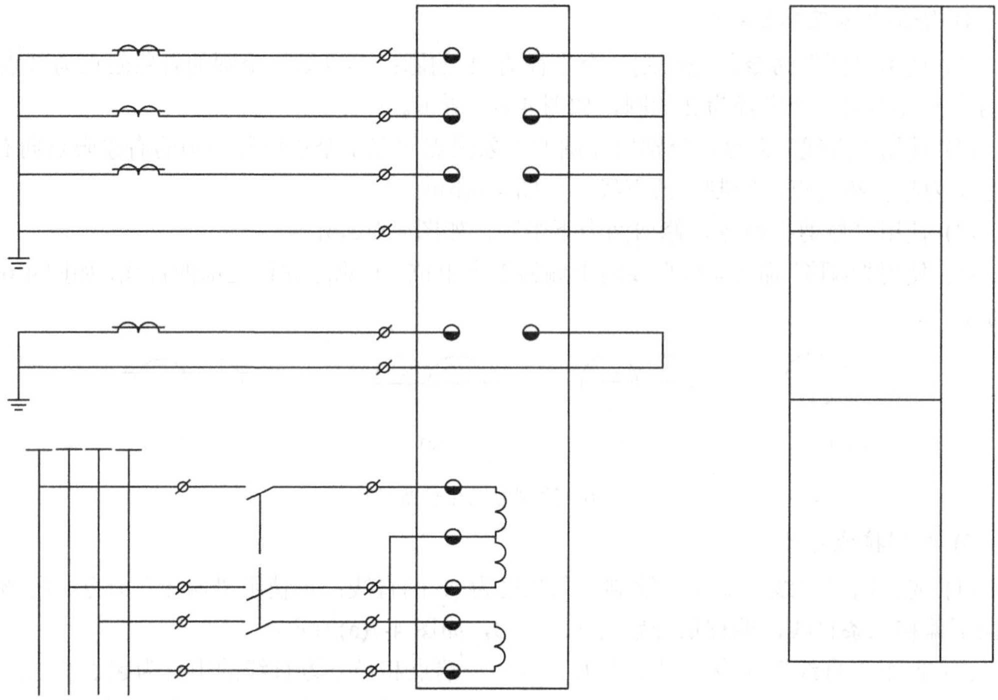

图 4-10　绘制所有支路及框架

5. 绘制标注层

(1) 设置文字样式。在“格式”菜单中新建两个文字样式：第一个名称为“文字标注”，字体为宋体，字高为 4，用于标注文字；第二个名称为“字母标注”，字体为宋体，字高为 3，用于数字、字母标注。

(2) 添加标注。在标注层对图形添加标注，完成后如图 4-1 所示。

小结

本节通过对高压侧保护交流回路图的绘制，熟悉“绘图”命令中的“圆”“矩形”“直线”命令和“修改”命令中的“修剪”“删除”“移动”“偏移”“打断”“旋转”命令的使用以及文字标注。

4.2　高压侧信号回路图的绘制

高压侧信号回路图包括空气断路器、装置供电、主变压器零序保护动作开关、低压侧复合电压闭锁等。本节主要介绍高压侧信号回路图的绘制方法。

4.2.1　绘图使用的命令

绘制高压侧信号回路图使用的命令有：“直线”命令、“复制”命令、“偏移”命令、“圆”命令、“删除”命令、“移动”命令和“修剪”命令等。

4.2.2　绘图步骤

绘制如图 4-11 所示的高压侧信号回路图。

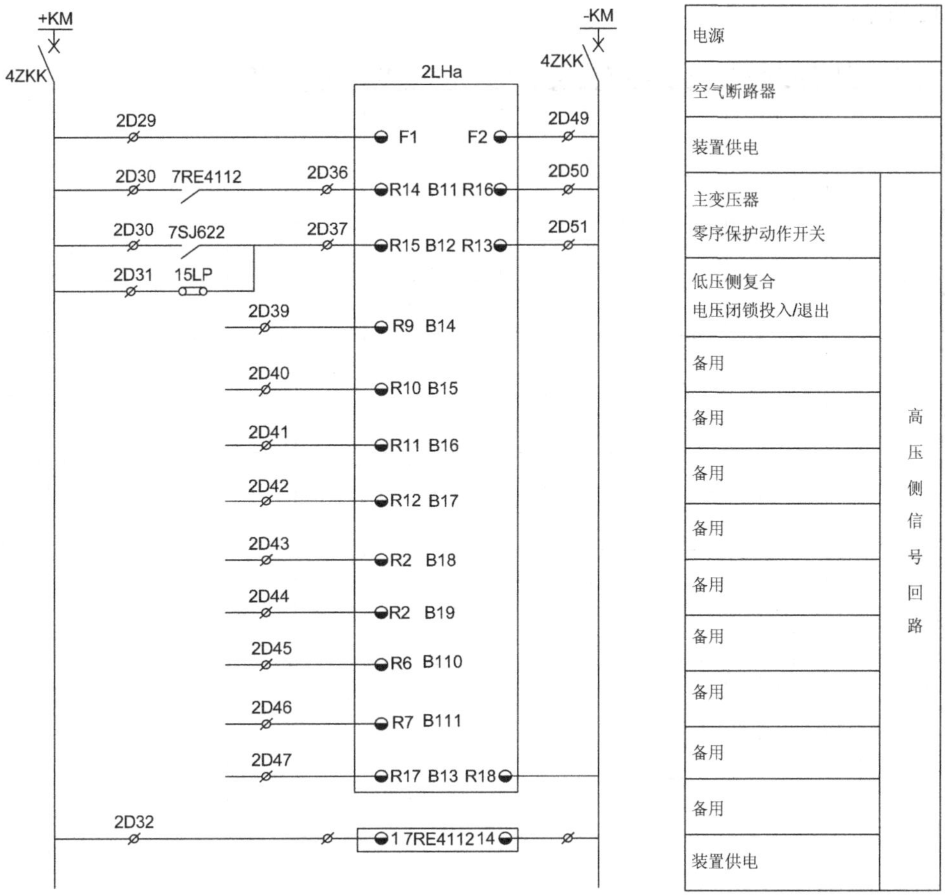

图 4-11　高压侧信号回路图

1. 图纸布局

(1) 设置绘图空间的图形界限。使用“A3 样板”，新建文件，并切换到模型空间。设置图形界限：左上角点为(0，0)，右上角点为(420，297)。

(2) 图层的设置。该图包括定位线层、连接层、电气符号层、标注层四个图层，各图层设置如表 4-2 所示。

表 4-2　各图层设置表

图层名称	颜　色	线　型	线　宽
定位线层	白色	CENTERX2	默认
电气符号层	白色	Continuous	0.3
连接线层	白色	Continuous	默认
标注层	绿色	Continuous	默认

2. 绘制定位线层

在定位线层绘制构造线，以“偏移”方式确定各部分图形要素的位置。为减小构造线对绘制图形元素的影响，利用“修剪”命令对构造线进行初步修剪。修剪后的定位线层如图 4-12 所示。

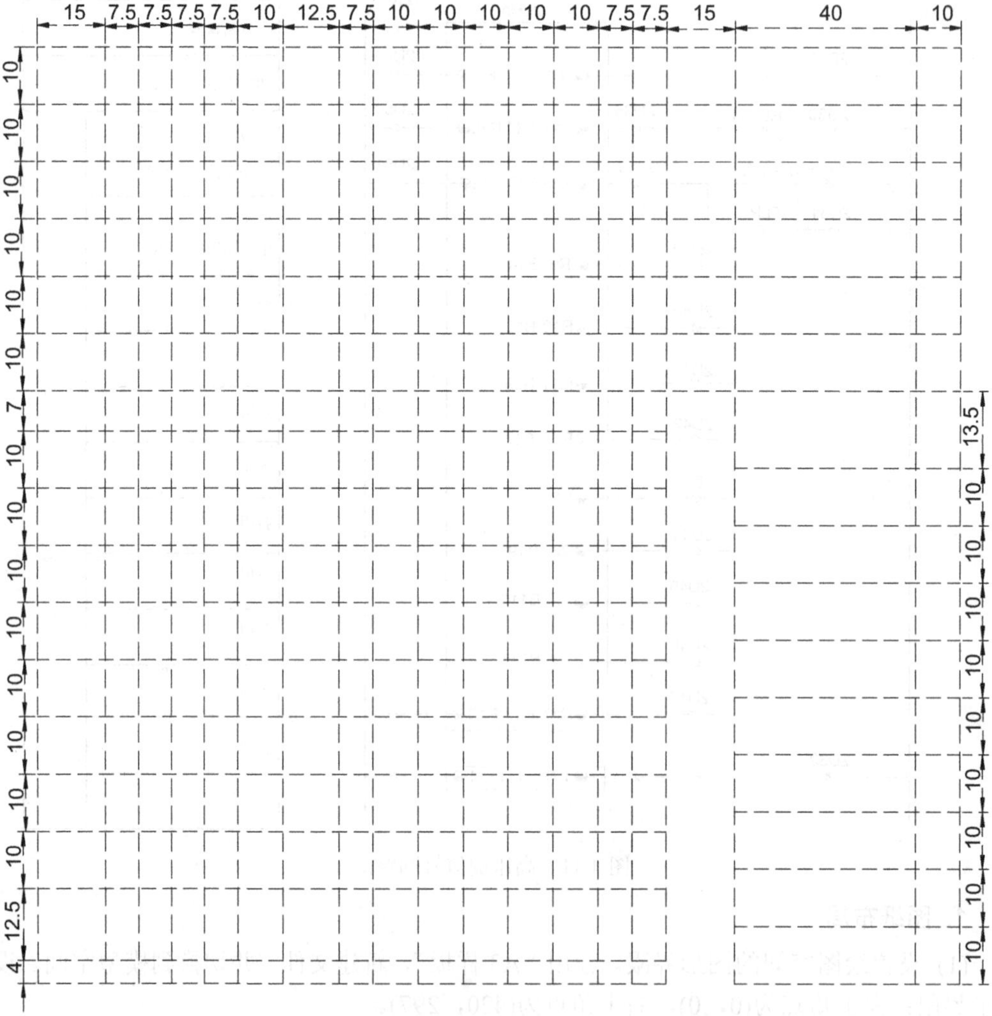

图 4-12　修剪后的定位线层

3. 绘制电气符号

先将图层切换到“电气符号层”，再进行以下绘制。其中绘制电流互感器、接线端、保护装置的接入端符号的方法见 4.1 节，绘制断路器符号的方法见 2.1 节。绘制连接片符号方法如下：

(1) 使用“圆”命令，绘制两个半径为 1 的圆，两圆位于同一水平线，且圆心距为 5.5，如图 4-13(a)所示。

(2) 使用“直线”命令捕捉切点，绘制两条圆的外公切线，如图 4-13(b)所示。

(a)　　　　(b)

图 4-13　绘制连接片符号

4. 绘制连接线层

将图层切换到“连接层”后进行以下绘制。

(1) 绘制支路 1。使用“移动”命令将各组件移动至支路的合适位置，并通过“修剪”命令完成支路 1 的绘制，如图 4-14 所示。

(2) 绘制支路 2。使用“移动”命令将各组件移动至支路的合适位置，并通过“修剪”命令完成支路 2 的绘制，如图 4-15 所示。

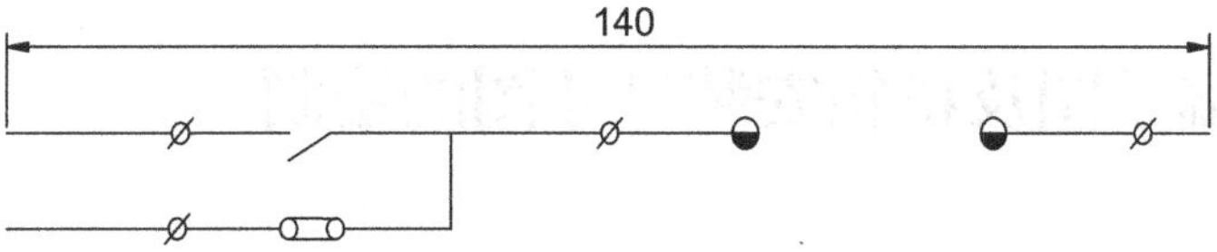

图 4-14　绘制支路 1

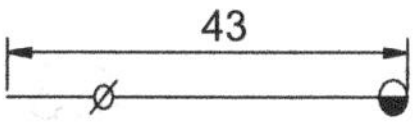

图 4-15　绘制支路 2

(3) 绘制所有支路及框架。使用“移动”命令将绘制好的支路移动至合适的位置，并通过“删除”“修剪”等命令完成所有支路及框架的绘制，如图 4-16 所示。

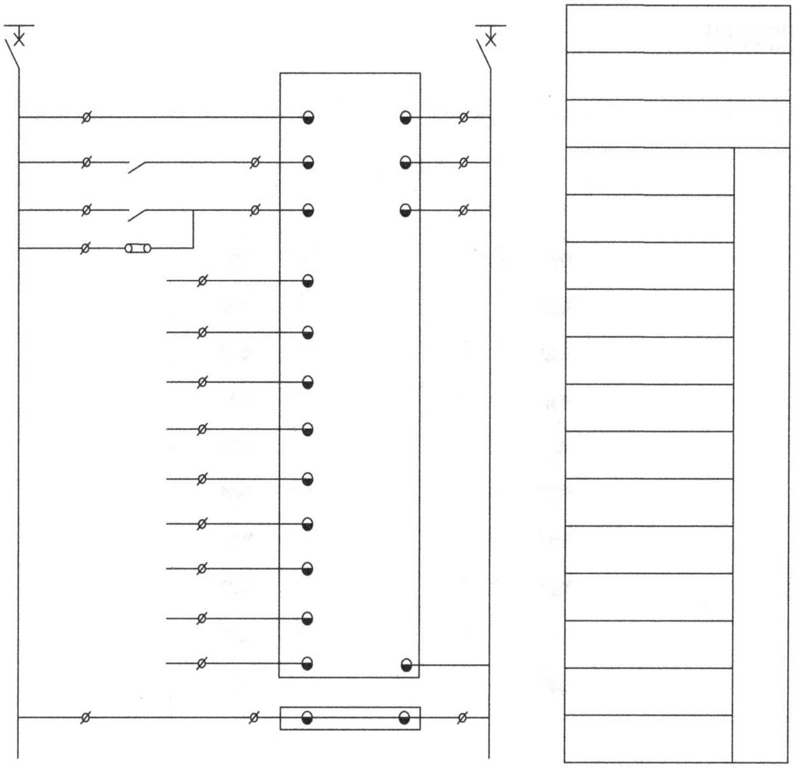

图 4-16　绘制所有支路及框架

5. 标注层的绘制

(1) 设置文字样式。在“格式”菜单中新建两个文字样式：一个命名为“文字标注”，字体为宋体，字高为 4，用于标注文字；另一个命名为“字母标注”，字体为宋体，字高为 3，用于数字、字母标注。

(2) 添加标注。在标注层对图 4-16 添加标注，完成后如图 4-11 所示。

小结

本节通过对高压侧信号回路图的绘制，熟悉“绘图”命令中的“圆”“矩形”“直线”命令和“修改”命令中“修剪”“删除”“移动”“偏移”命令的使用以及文字标注。

4.3　电气端子图及机箱安装尺寸图的绘制

4.3.1　绘图使用的命令

绘制电气端子图及机箱安装尺寸图使用的命令有：“直线”命令、“复制”命令、“偏移”命令、“圆”命令、“修剪”命令、“图案填充”命令和“复制”命令等。

4.3.2　绘图步骤

★ 绘制如图 4-17 所示的板前接线正面端子图。

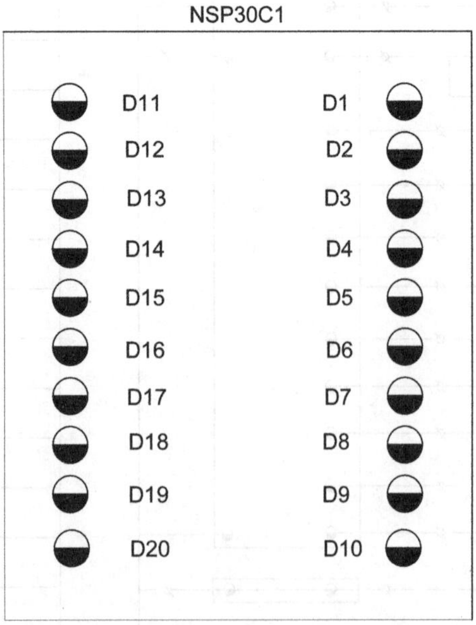

图 4-17　板前接线正面端子图

(1) 图纸布局。

① 绘图空间和图形界限的设置。使用“A3 样板”新建文件，并切换到模型空间。设置图形界限：左下角点为(0，0)，右上角点为(420，297)。

② 图层的设置。该图包括定位线层、电气符号层和标注层，各图层设置如表 4-3 所示。

表 4-3　各图层设置表

图层名称	颜 色	线 型	线 宽
定位线层	白色	CENTERX2	默认
电气符号层	白色	Continuous	0.3
标注层	绿色	Continuous	默认

(2) 定位线层的绘制。

在定位线层绘制构造线，以“偏移”命令确定各部分图形要素的位置。定位线层的绘制如图 4-18 所示。

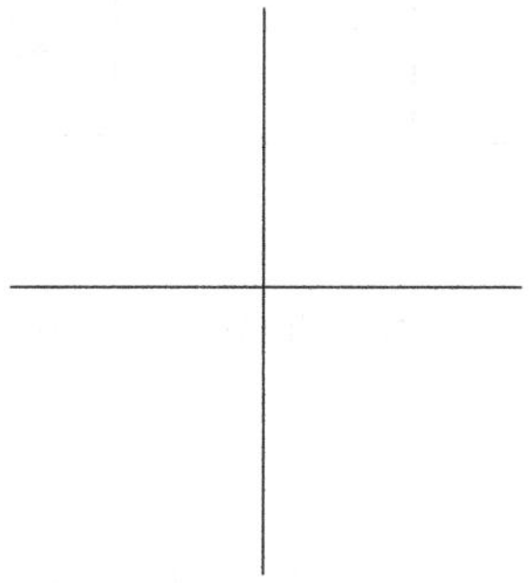

图 4-18　定位线层的绘制

(3) 电气符号层的绘制。

• 绘制外框

① 使用“偏移”命令向上、下、左、右方向偏移，偏移值分别为 62.5、62.5、52.5 和 52.5。

② 使用“修剪”命令把偏移后的 4 条直线修剪成一个矩形，如图 4-19 所示。

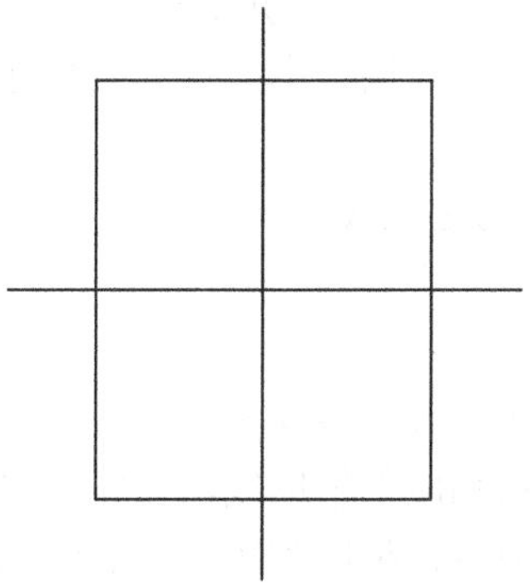

图 4-19　外框的绘制

· 绘制内部符号

① 绘制保护装置的接入端符号见 4.1 节，使用“复制”命令，选择“多重复制”命令，复制 9 个保护装置的接入端符号，复制偏移距离为 2.4，如图 4-20(a)所示。

② 使用“镜像”命令以矩形上、下边中点连线为镜像线，镜像左排电气符号，如图 4-20(b)所示。

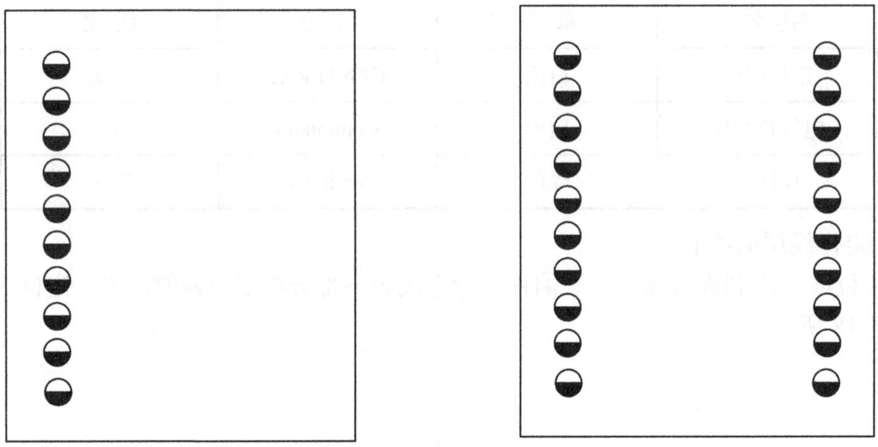

(a)　　(b)

图 4-20　内部符号的绘制

(4) 标注层的绘制。

① 设置文字样式。

在“格式”菜单中新建文字样式，其中一个命名为“图形标注”，字体为宋体，字高为 4。

② 添加标注。

在标注层对图形添加标注，完成后如图 4-17 所示。

★ 绘制如图 4-21～4-25 所示的机箱安装尺寸图。

(1) 图纸布局。

① 绘图空间和图形界限的设置。使用“A3 样板”新建文件，并切换到模型空间。设置图形界限：左下角点为(0，0)，右上角点为(420，297)。

② 图层的设置。该图包括定位线层、电气符号层和标注层。

(2) 定位线层的绘制。

在定位线层绘制相应矩形作为定位线。

(3) 电气符号层的绘制。

· 绘制机箱正视图

① 使用“分解”命令，将矩形分解成 4 条直线。

② 使用“偏移”命令，偏移相应的辅助线，如图 4-21 所示。

③ 使用“圆”和“矩形”命令，把圆和矩形绘制到相应的位置，如图 4-22 所示。

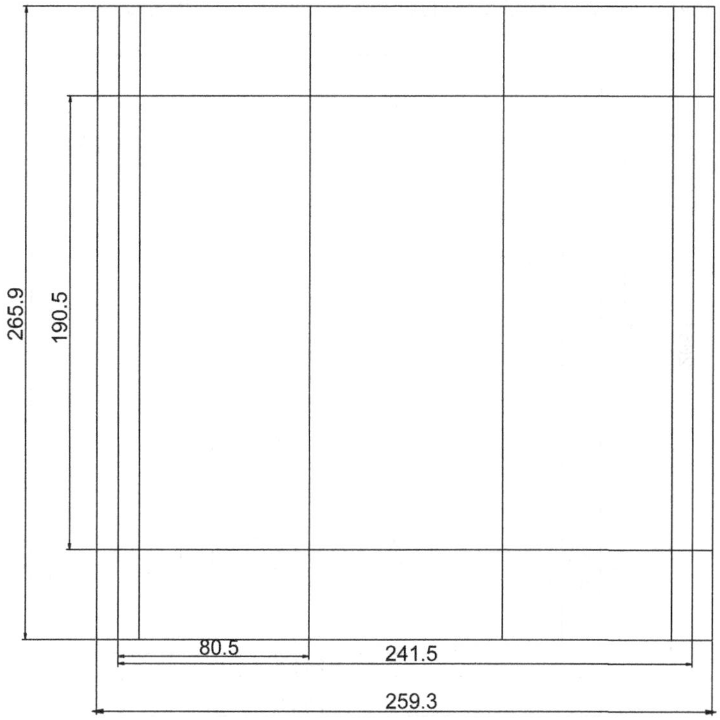

图 4-21　机箱正视图辅助线的绘制

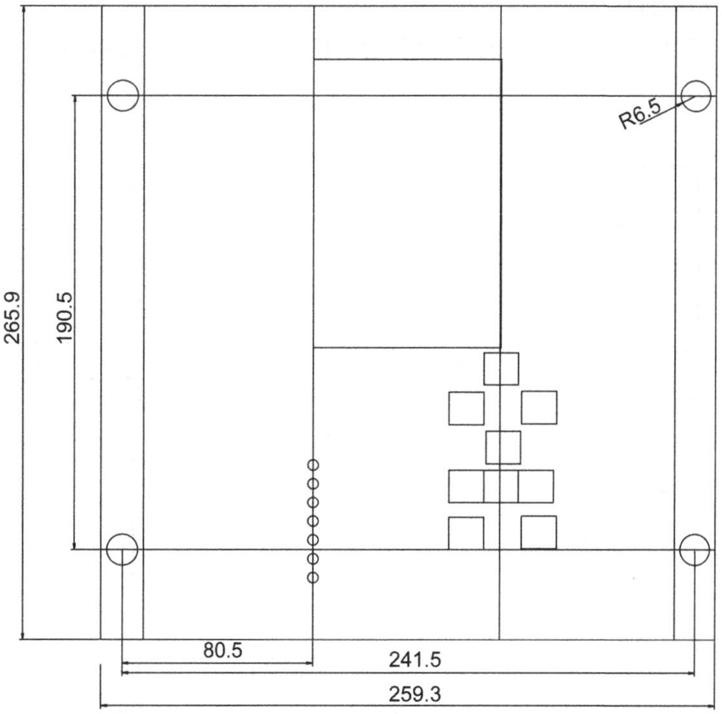

图 4-22　机箱正视图元件的放置

④ 使用“删除”命令，删除多余的辅助线，如图 4-23 所示。

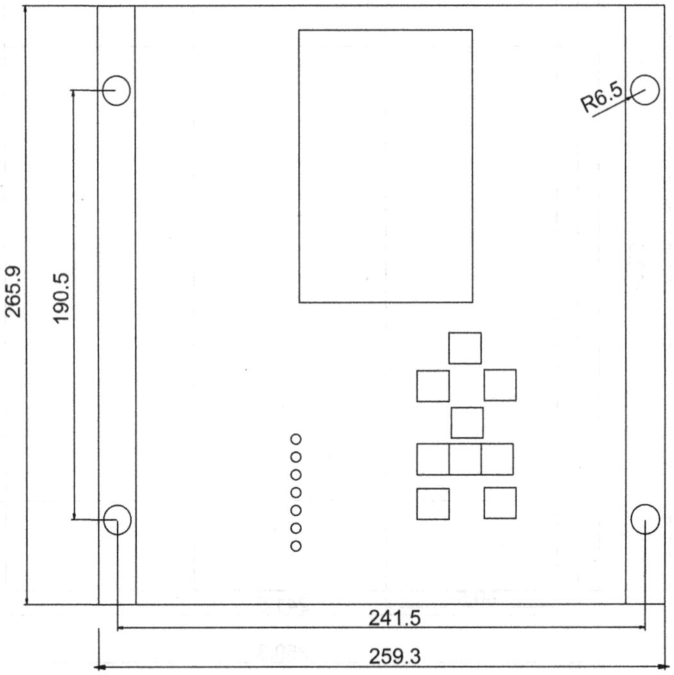

图 4-23　正视图

• 绘制机箱侧视图

使用“矩形”“修剪”和“偏移”命令绘制机箱侧视图，如图 4-24 所示。

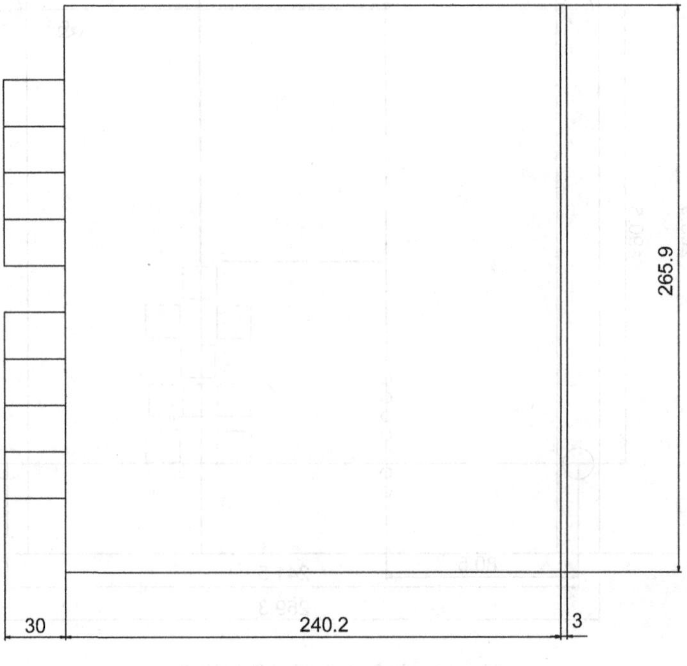

图 4-24　侧视图

• 绘制机箱开口尺寸图

使用“矩形”“圆”和“偏移”命令绘制机箱开口尺寸图，如图 4-25 所示。

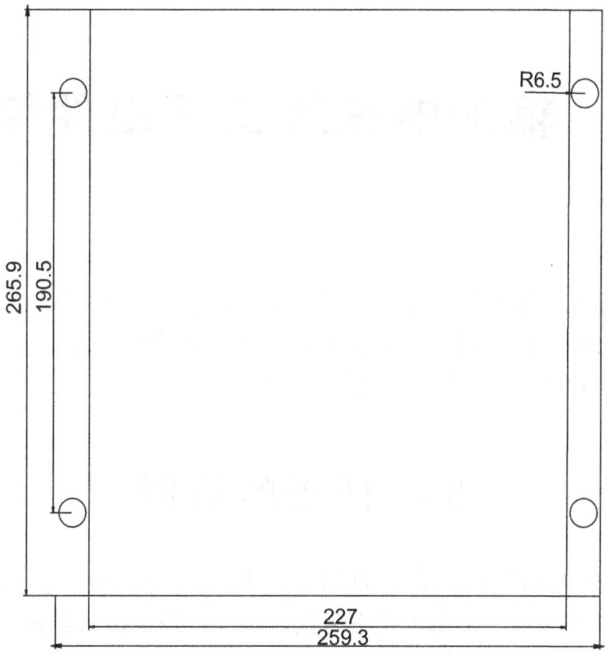

图 4-25　开孔尺寸图

小结

本节通过对电气端子图及机箱安装尺寸图的绘制，了解安装在开关柜上相关装置的外形和开孔尺寸。熟悉“绘图”命令中的“圆”“矩形”“直线”命令和“修改”命令中“修剪”“删除”“偏移”“分解”“多重复制”命令的使用以及文字标注。

第 5 章　输配电线路工程组件绘制实例

架空输配电线路主要组件是基础、杆塔、横担、导线、避雷线、绝缘子、金具及接地装置，附属设备有绝缘地线、载波通信设备和导线载波通信设备等。本章以部分典型组件(如杆塔、金具和绝缘子)为例，介绍它们的绘制方法。

5.1 杆塔的绘制

输电线路杆塔分钢筋混泥土杆塔和铁塔两大类，按其作用及受力分为直线杆塔和承力杆塔两种。杆塔的种类繁多，下面以铁塔为例，说明杆塔的图形结构。

铁塔是用金属材料型钢和钢板作为基本构件，采用螺栓连接、焊缝连接或法兰连接等方法，按照一定的结构域组合起来的钢结构构件。整个铁塔可分为塔头、塔身和塔腿三个部分。有拉线的杆塔还包括拉线部分。本节以“干”字形铁塔绘制方法为例进行介绍。

5.1.1 绘图使用的命令

绘制“干”字形铁塔使用的命令有：“直线”命令、“复制”命令、“偏移”命令、“镜像”命令和“修剪”命令等。

5.1.2 绘图步骤

本节绘制如图 5-1 所示的“干”字形铁塔。

1. 图形分析

“干”字形铁塔示意图可看作中心轴对称图形，绘制该图时，先画地平线和垂直中心线，再使用“偏移”命令确定塔底、塔身、塔头和横担等关键点的位置，最后使用“直线”命令捕捉交点绘制而成。

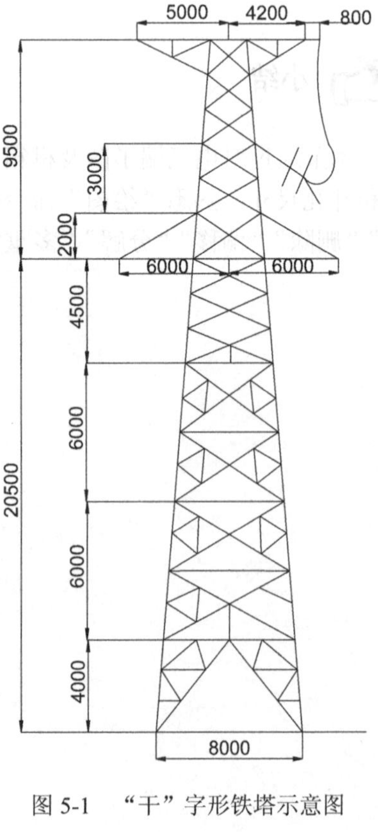

图 5-1　“干”字形铁塔示意图

2. 绘图步骤

(1) 启动 AutoCAD 2018，打开“正交”模式，设置捕捉中点和交点。

(2) 在屏幕工作区的底部使用“直线”命令绘制一条长为 15 000 的水平线，捕捉水平线的中点绘制一条长为 30 000 并与水平线垂直的直线段，如图 5-2 所示。

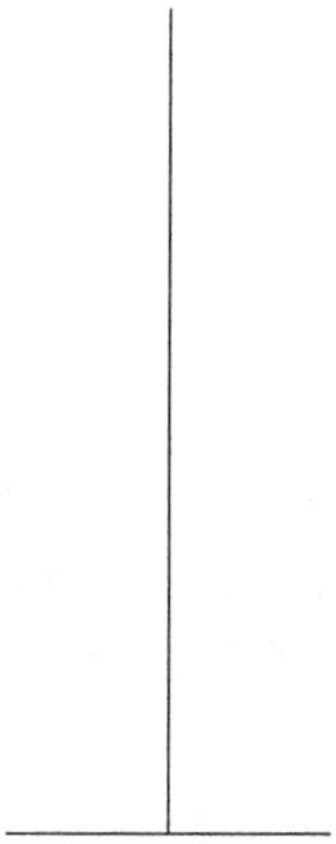

图 5-2　绘制水平线和垂直线

(3) 使用“偏移”命令(设置偏移距离分别为 1000 和 3000)，将垂直的中线向左偏移复制两条垂线。同样，设置偏移距离为 30 000，将原水平线向上复制一条新水平线，使用“直线”命令，绘制一条斜线作为铁塔左侧主材，如图 5-3 所示。删除左侧的两条垂线，如图 5-4 所示。

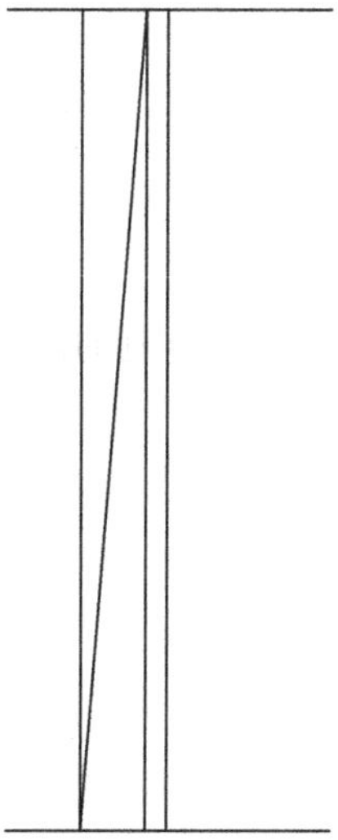

图 5-3　绘制铁塔主材

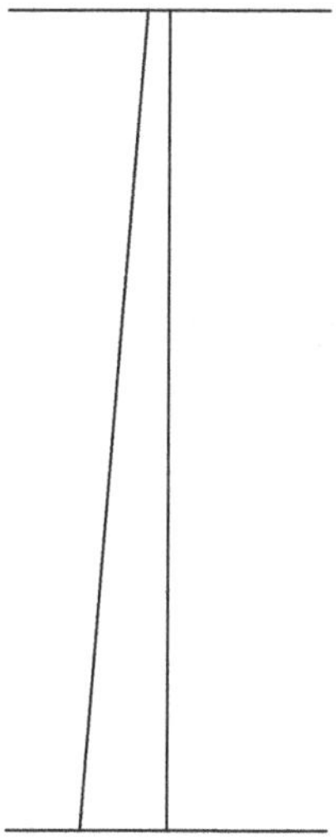

图 5-4　删除左侧两条垂线

(4) 使用“偏移”命令(设置偏移距离分别为 6000 和 5000)，将垂直的中线向左偏移复制两条垂线。同样，设置偏移距离为 20 500，将原水平线向上偏移复制一条新水平线，如图 5-5 所示。使用“修剪”命令，修剪出铁塔横担的左侧宽度，并将偏移复制的两条垂直线删除，如图 5-6 所示。

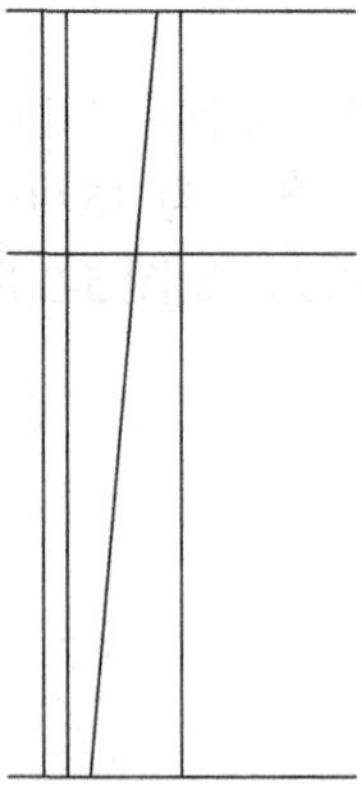

图 5-5　复制水平线和垂直线

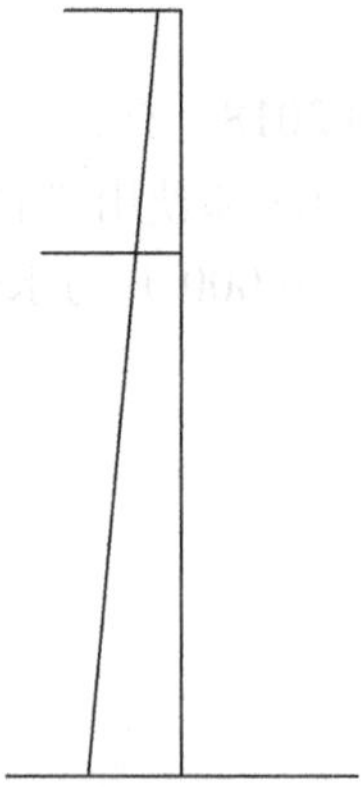

图 5-6　修剪并删除多余线条

(5) 使用“偏移”命令，设置偏移距离为 1500，将顶部水平线向下偏移复制一条水平线，设置偏移距离为 2000，将中间的水平线向上偏移复制一条水平线，得到塔头两根横担的高度，如图 5-7 所示。

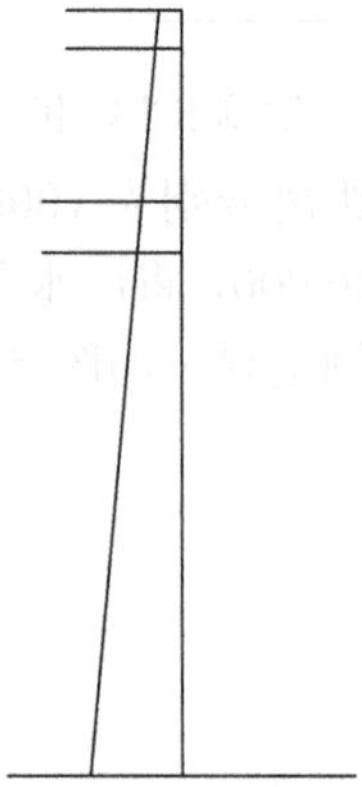

图 5-7　复制横担水平线

(6) 使用“直线”命令，绘制左侧两根横担，并删除偏移复制的两条水平线，如图 5-8 所示。

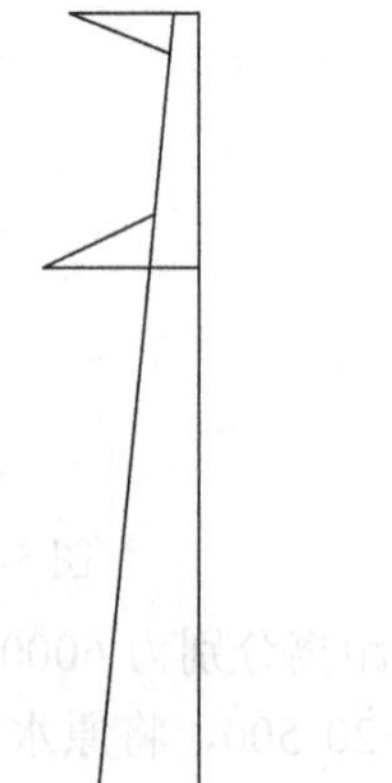

图 5-8　绘制两根横担

(7) 选择左侧两根横担和主材的所有线条，使用“镜像”命令，以中心垂直线为镜像轴，复制铁塔的右半部分，得到铁塔的主体，如图 5-9 所示。

(8) 使用“偏移”命令，设置偏移距离为 4000，将地平线向上偏移复制一条水平线，得到塔腿的高度，如图 5-10 所示。

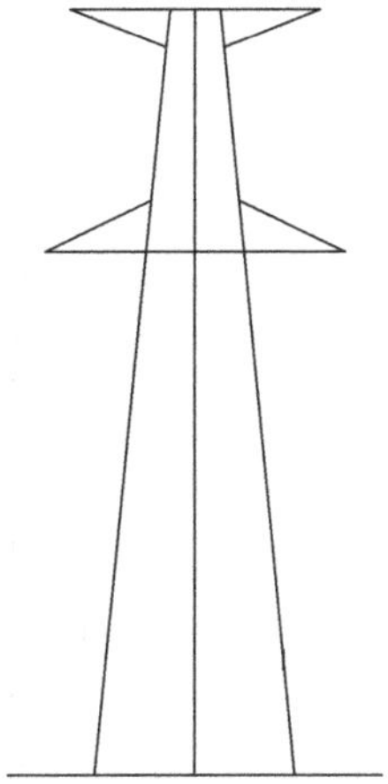

图 5-9　镜像复制铁塔右半部分

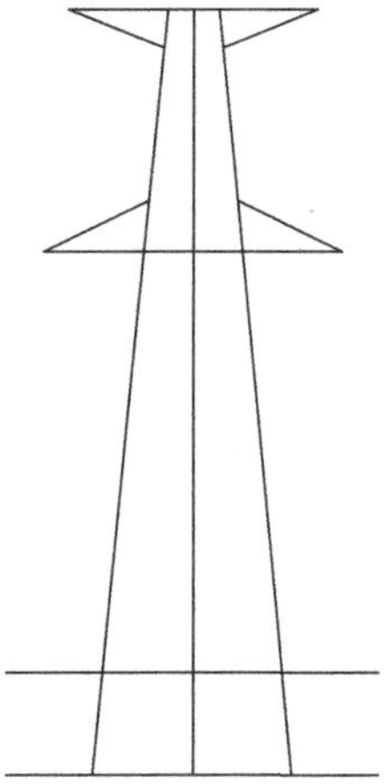

图 5-10　确定塔腿的高度

(9) 使用“直线”命令捕捉交点绘制塔腿，使用“偏移”命令，设置偏移距离约为 1350，将地平线向上偏移复制两条水平线，将塔腿分成 3 段，如图 5-11 所示。使用“修剪”命令将塔腿修剪成如图 5-12 所示的结果。

(10) 使用“直线”命令捕捉交点和中点绘制塔腿的斜材，如图 5-13 所示。

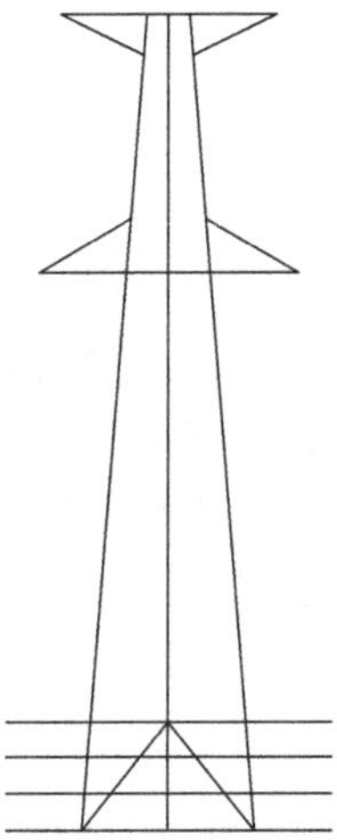

图 5-11　绘制塔腿

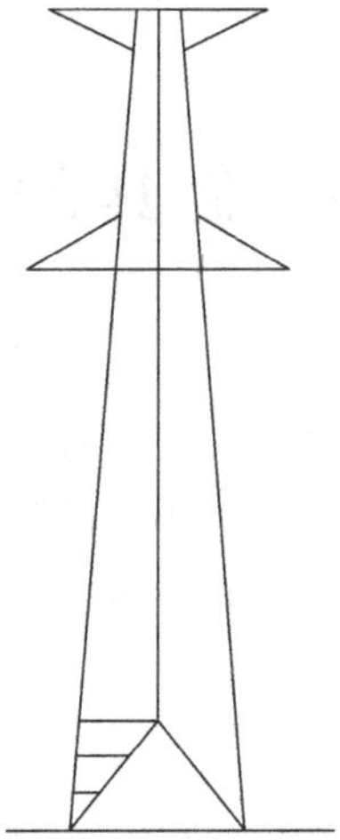

图 5-12　修剪塔腿

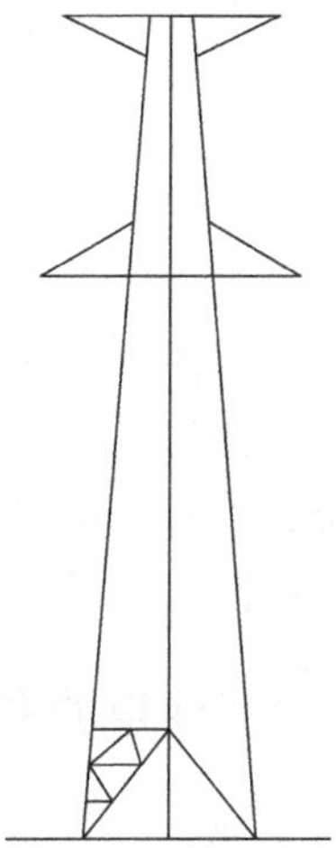

图 5-13　绘制塔腿斜材

(11) 使用“镜像”命令，以中心垂直线为镜像轴，镜像复制塔腿右半部分，完成塔腿的绘制。使用“偏移”命令(设置偏移距离为 3000)，将左侧塔腿最长的水平线向上偏移复制，将塔身分段。(两根横担之间水平线段偏移距离设置为 1500)使用“修剪”命令将塔身修剪成如图 5-14 所示的结果。

(12) 采用捕捉中点、交点的方式，重复使用“偏移”“直线”“修剪”和“镜像”命令绘制塔身的材料、辅助材和曲线，在此不再赘述。绘制出塔身斜材和辅助材后的效果如图 5-15 所示。

(13) 使用“标注”命令标注铁塔的各部分长度，完成整个铁塔的绘制，如图 5-16 所示。

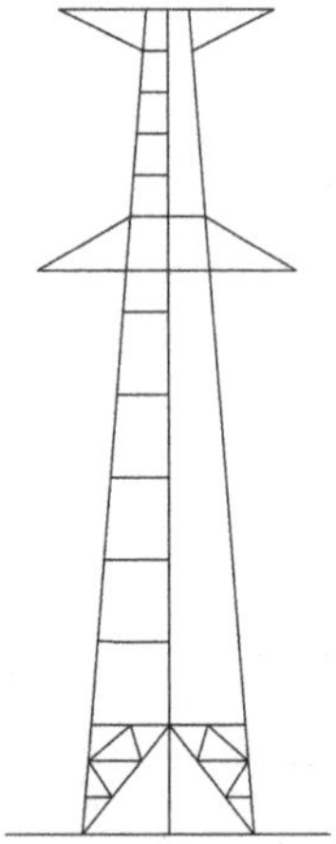

图 5-14　将塔身分段

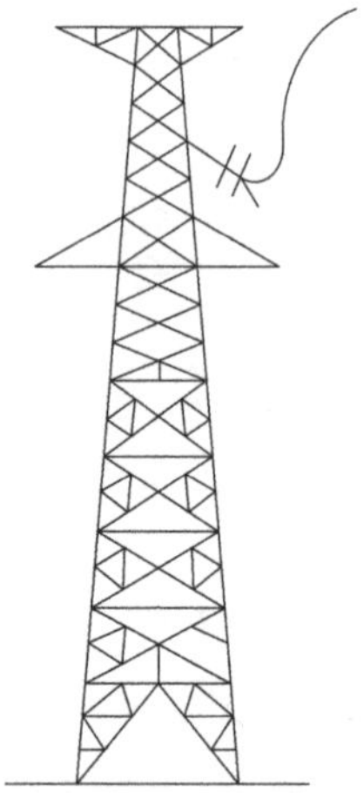

图 5-15　绘制斜材、辅助材及曲线

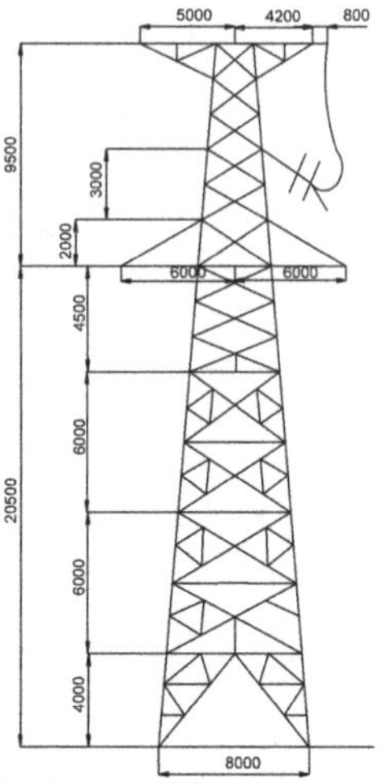

图 5-16　标注尺寸

小结

本节通过对“干”字形铁塔示意图的绘制，熟悉“绘图”命令中的“直线”命令和“修改”命令中“修剪”“移动”“偏移”“镜像”命令的使用以及文字标注。

5.2　金具的绘制

金具是将杆塔、导线、横担、避雷针、绝缘子连接起来的金属零件。输配电线路所使用的金具，按其性能和用途可分为悬垂线夹、耐张线夹、连接金具、接续金具、保护金具和拉线金具 6 种。输配电线路工程金具的示意图与机械零件图接近，由直线段、曲线、圆等基本图形构成。下面参考机械零件图的绘制方法来绘制金具示意图。

5.2.1　绘图使用的命令

悬垂挂线点金具图使用“构造线”命令、“直线”命令、“圆”命令、“圆弧”命令、“矩形”命令、“偏移”命令、“镜像”命令、“延伸”命令、“修剪”命令、“分解”命令等绘制。

5.2.2　绘图步骤

绘制如图 5-17 所示的悬垂挂线点金具示意图。

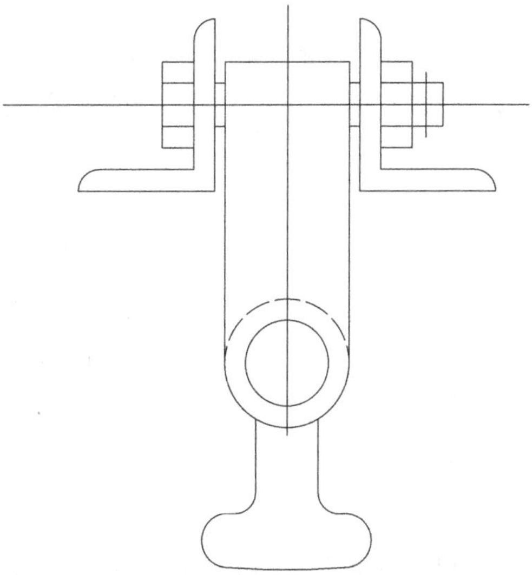

图 5-17　悬垂挂线点金具

1. 图形分析

可以将整图分为左右两部分，分别绘制。参考机械零件图的画法，首先绘制中心十字轴线的图形，再由中心向四周延展。

2. 绘图步骤

(1) 启动 AutoCAD2018，打开“正交”模式，设置捕捉中点和交点。

(2) 进入“图层特性管理器”对话框，添加一个新图层并将它命名为“图形”，将 0 图层设置为当前图层，线条颜色设置为红色。

(3) 使用“构造线”命令，在 0 图层中央绘制一条水平构造线、一条垂直构造线，作为中心十字轴线。

(4) 切换到新建的“图形”图层，先使用“矩形”命令捕捉轴线交点绘制一个长为 60，宽为 120 的矩形。再使用“移动”命令捕捉矩形上边中点，将矩形水平平移到垂直中心位置，如图 5-18 所示。

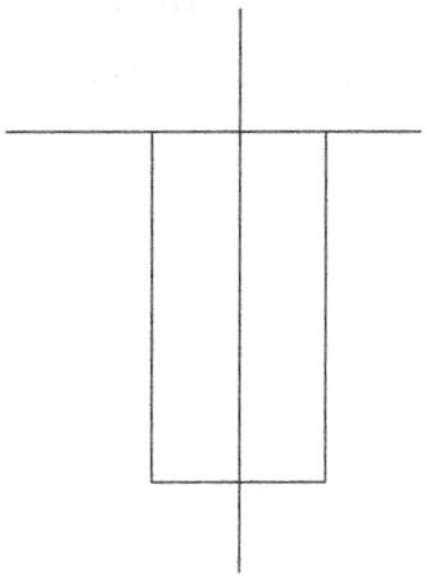

图 5-18　矩形的位置

(5) 选择矩形对象，使用“分解”命令将矩形分解成四段线段。使用“偏移”命令(设置偏移距离为 10)，将分解后的矩形上边向上偏移复制两条、向下偏移复制三条水平线。删除分解后的矩形的上边，并使用“延伸”命令将矩形垂直方向的两条边延伸到位置靠上的水平线两端，如图 5-19 所示。

(6) 使用“偏移”命令，设置偏移距离为 5、15、30、70，将分解后的矩形的左边线段向左偏移各复制一条垂直线。再设置偏移距离为 20，将位置最高的水平线向上偏移复制一条水平线，如图 5-20 所示。

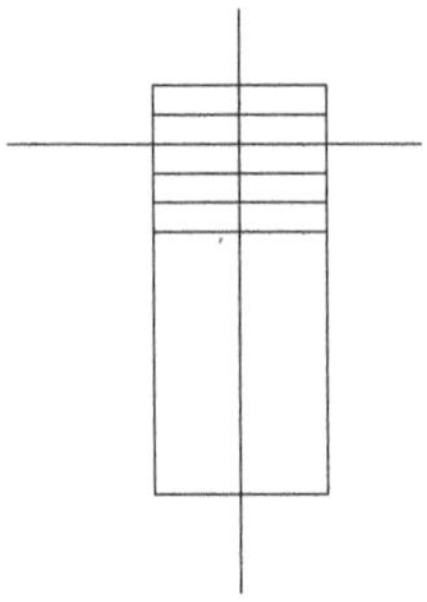

图 5-19　偏移复制的水平线

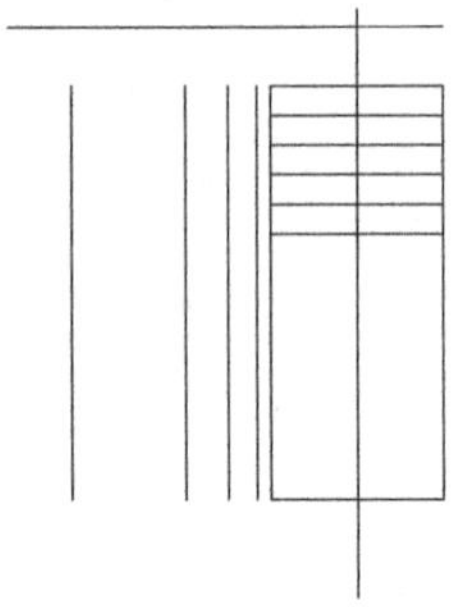

图 5-20　偏移复制的垂直线和水平线

(7) 使用“延伸”命令，将矩形中位置靠上的四条水平线延伸到与左起第二条垂直线相交的位置；位置靠下的一条水平线延伸到与左边第一条垂直线相交的位置；并设置偏移距离为 10，将它向下偏移复制一条水平线，如图 5-21 所示。同样方法将左起第三、第四条垂直线延伸到与最靠上的水平线相交的位置，如图 5-22 所示。

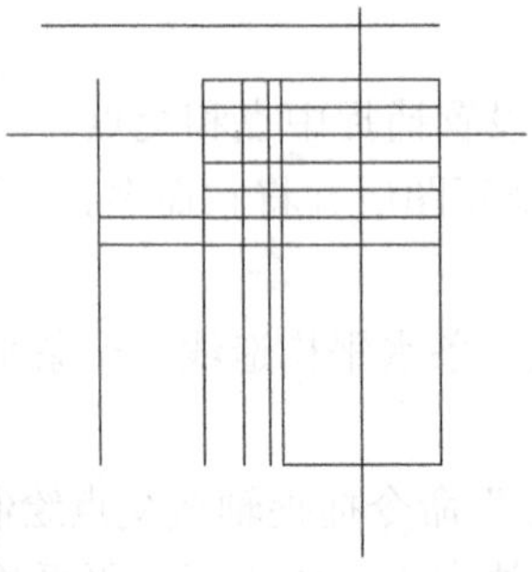

图 5-21　水平线延伸

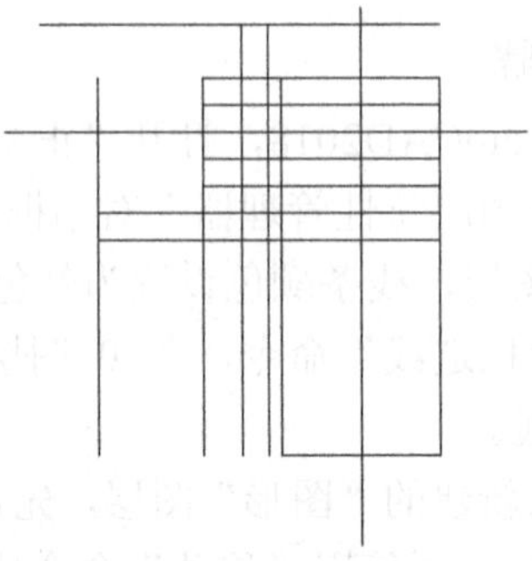

图 5-22　垂直线延伸

(8) 使用“修剪”命令，将左侧横担角钢和螺母的截面修剪出来，如图 5-23 所示。使用“倒圆角”命令，设置圆角半径为 10，将左侧横担角钢截面左边两个直角倒成圆角，如图 5-24 所示。

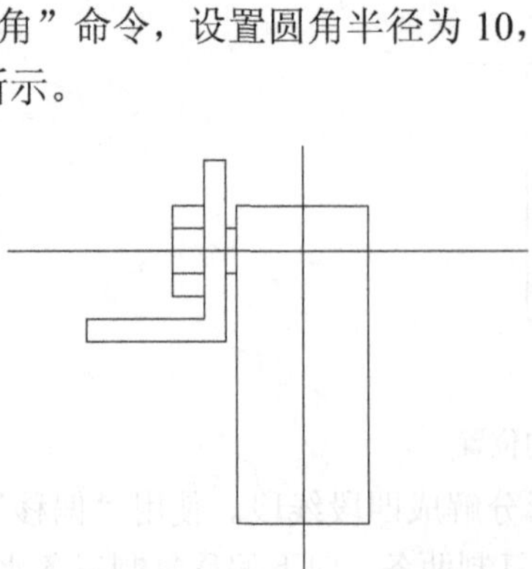

图 5-23　修剪出左侧角钢和螺母

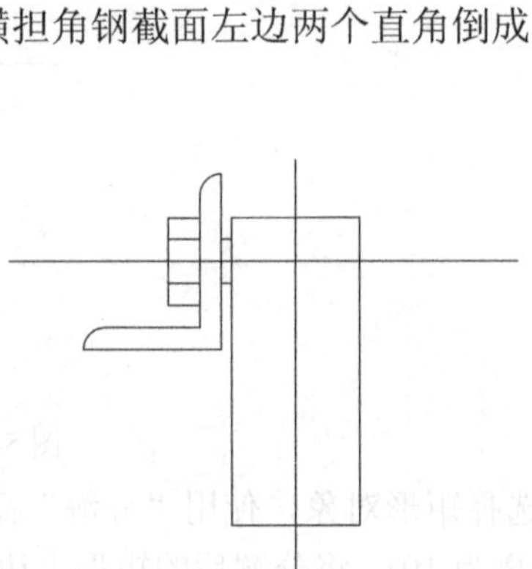

图 5-24　将直角倒成圆角

(9) 先使用“镜像”命令，以垂直中心线为对称轴，将左侧的角钢和螺栓的线条镜像复制到右侧，如图 5-25 所示。再使用“偏移”命令(设置偏移距离为 15)，将右侧第一条垂直线向右偏移复制一条垂直线，作为螺栓右侧的界限。延长螺栓线与右侧界限相交，修剪多余的线条，并添加一条短垂直线作为开口销钉，如图 5-26 所示。

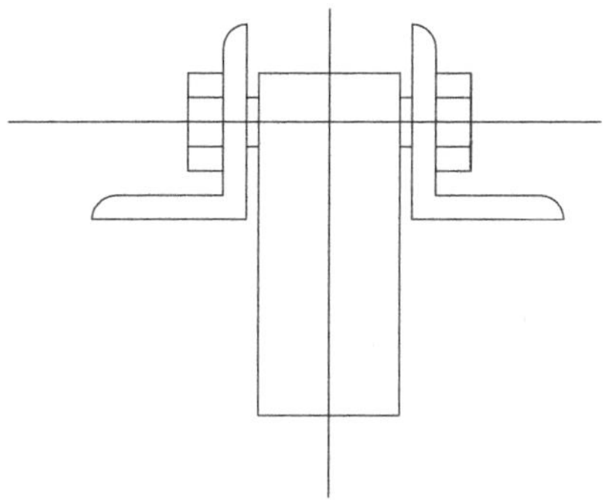

图 5-25　镜像复制

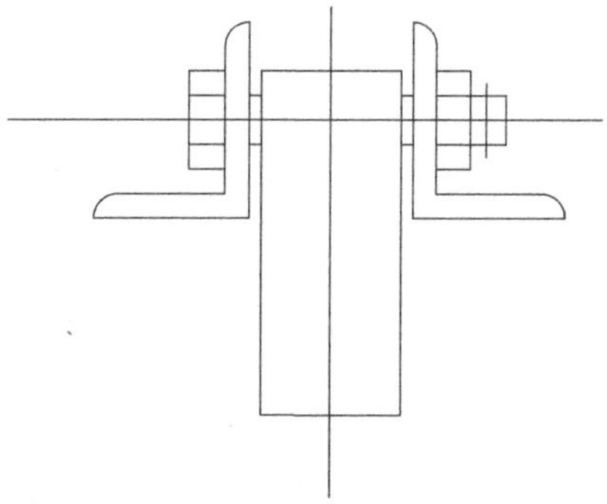

图 5-26　绘制右侧螺栓线条和销钉

(10) 先使用“圆”命令，捕捉底部水平线的中点作为圆心，水平线的一半长为半径绘制一个参考圆，将参考圆向内偏移 10，复制一个小圆，如图 5-27 所示。再使用“圆弧”命令，捕捉参考圆的左端点、下端点和右端点绘制一个与参考圆下半部相重合的半圆，删除参考圆。使用“镜像”命令，以半圆弧的直径作为对称轴复制上半圆弧，将上半圆弧的线型更改为虚线，如图 5-28 所示。

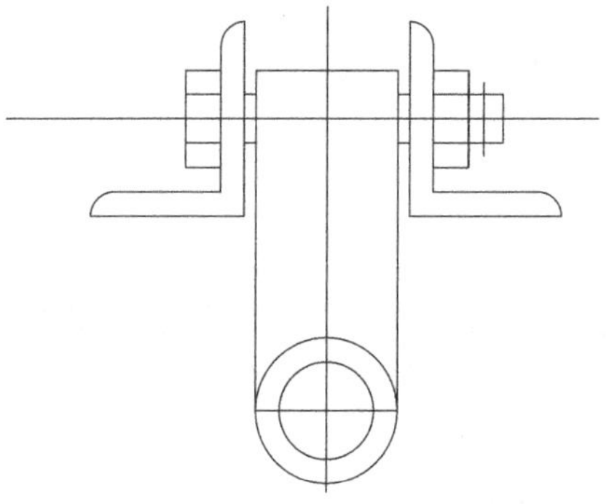

图 5-27　绘制参考圆和小圆

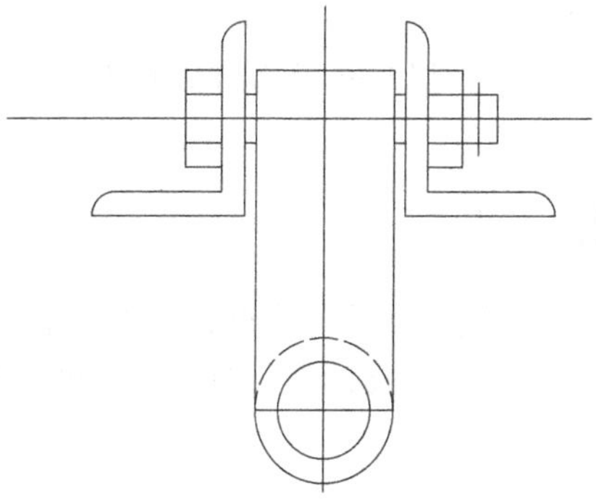

图 5-28　更改上半圆弧的线型

(11) 使用“直线”命令，捕捉小圆的圆心向下绘制一条长为 70 的垂直线，将它偏移 15 在左右两侧各复制一条垂线，删除中间的垂直线，并修剪去除垂直线在圆内的部分，将圆的直径向下平移到垂直线的下端位置，如图 5-29 所示。

(12) 使用“偏移”命令(设置偏移距离为 25)，将移动后的圆直径向下偏移，复制一条水平线，修剪移动后的圆的直径，如图 5-30 所示。将形成的两个直角倒成半径为 10 的圆角。使用“圆弧”命令，捕捉上下两条水平线左侧端点，绘制一条接近半圆的圆弧；将该圆弧镜像复制到右侧，删除最下端的水平线。再绘制一条圆弧，将左右两段的短圆弧连接起来，如图 5-31 所示。以“金具.dwg”为文件名保存备用，完成本例金具的绘制。

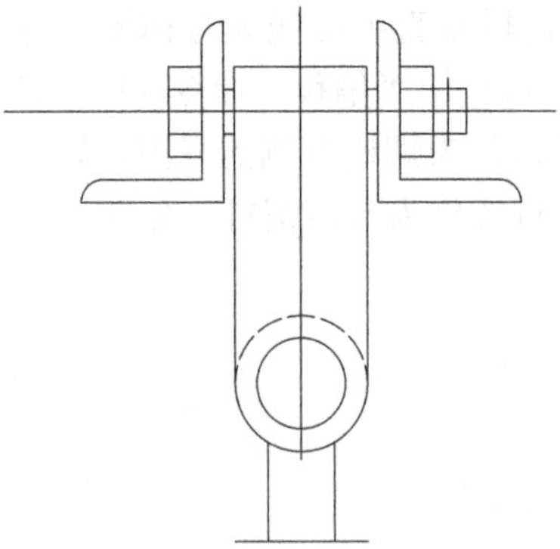

图 5-29　绘制球头的直杆部分

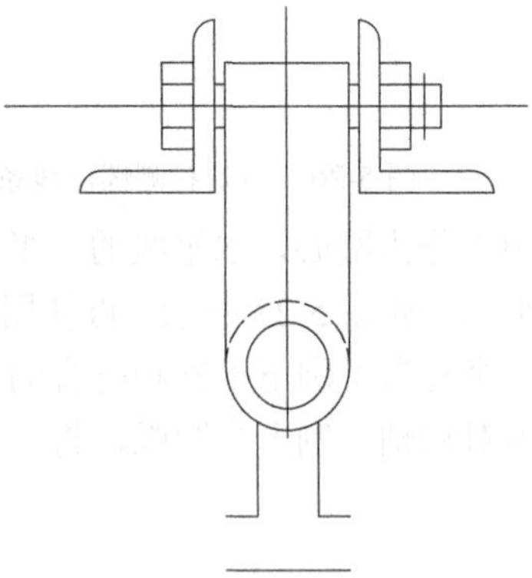

图 5-30　绘制球头下部

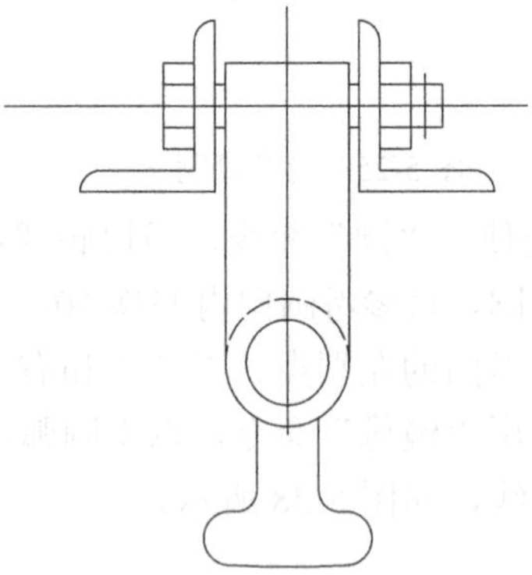

图 5-31　金具完成图

小结

本节通过对悬垂挂线点金具的绘制，熟悉“绘图”命令中的“直线”命令和“修改”命令中“修剪”“移动”“偏移”“分解”“延伸”“镜像”“构造线”命令的使用。

5.3　绝缘子的绘制

绝缘子是安装在不同电位的导体之间或导体与地电位构件之间的器件，能够耐受电压和机械应力。它也是一种特殊的绝缘控件，能够在架空输电线路中起到重要作用。线路使用的绝缘子种类繁多，目前输配电线路使用的绝缘子按形状主要分为盘式绝缘子和长棒形绝缘子。盘式绝缘子按材料又可划分为盘式瓷绝缘子和钢化玻璃绝缘子。

以前绝缘子多用于电线杆，现在发展成在高型高压电线连接塔的一端挂很多盘式绝缘子，它是为了增加爬电距离的，通常由玻璃或陶瓷制成。盘式瓷绝缘子具有良好的绝缘性能、抗气候变化的性能、耐热性和组装灵活等优点。钢化玻璃绝缘子具有较好的机电性能，其抗拉强度、耐电击穿、耐振动疲劳等性能优于盘式瓷绝缘子。

5.3.1　绘图使用的命令

绝缘子绘制使用的命令有："直线"命令、"椭圆"命令、"矩形"命令、"偏移"命令、"镜像"命令、"修剪"命令、"分解"命令、"圆弧"命令和"倒圆角"命令。

5.3.2　绘图步骤

绘制如图 5-32 所示的绝缘子示意图。

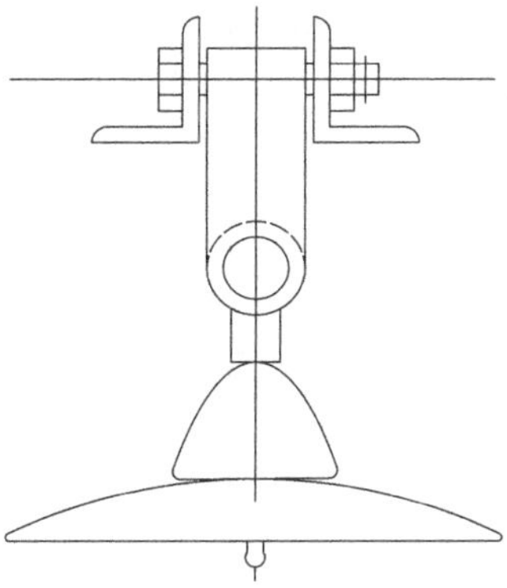

图 5-32　绝缘子示意图

1. 图形分析

绝缘子示意图中，上部的金具已经在 5.2 节中绘制完成。下面只绘制其下方部分。绘制的方法与"干"字形铁塔和金具绘制大致相同，都是先确定图形的关键点；经修剪后，部分直线用曲线替代而得到所需要的示意图。

2. 绘图步骤

(1) 打开 5.2 节中所保存的文件"金具.dwg"，删除球头的下半部分后用直线段连接。

(2) 先使用"椭圆"命令在绘图工作区空白处绘制一个长为 1000，宽为 200 的椭圆，再使用"直线"命令捕捉椭圆上部顶点绘制一条水平切线，如图 5-33 所示。

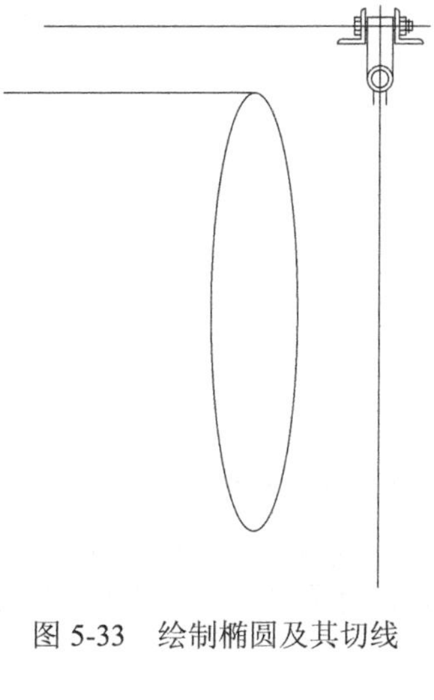

图 5-33　绘制椭圆及其切线

(3) 首先使用“偏移”命令将水平切线向下偏移 80，复制一条水平线，并将复制的水平线延伸到两端与椭圆相交的位置，删除椭圆的水平切线；然后使用“修剪”命令剪除多余的线条，如图 5-34 所示，最后使用“倒圆角”命令将两个下角倒成半径为 5 的圆角，并将得到的绝缘子顶部图形移动到中心轴线。

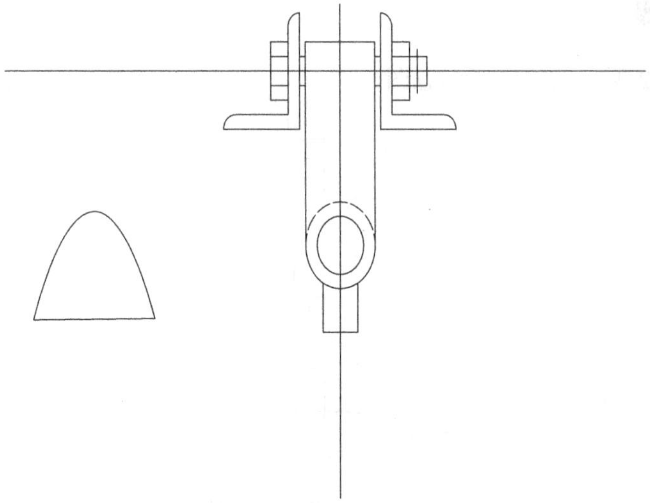

图 5-34　修剪去除多余的线条

(4) 首先使用“矩形”命令在工作区空白处绘制一个宽为 300、高为 40 的矩形；然后使用“分解”命令将其分解；最后使用“偏移”命令设置偏移距离为 5，将矩形的底边向上偏移，复制一条水平线，如图 5-35 所示。

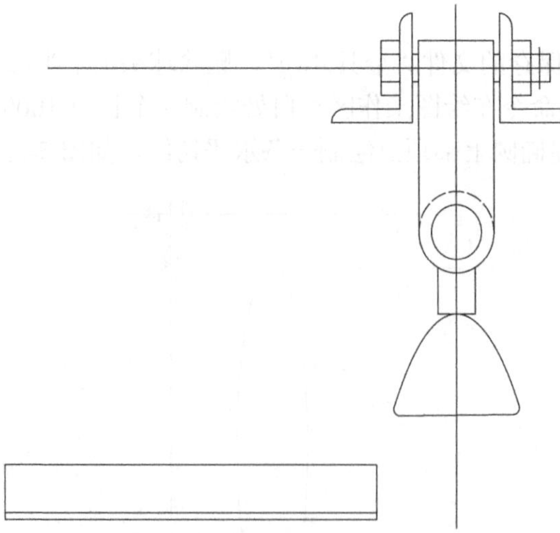

图 5-35　偏移复制一条直线

(5) 使用“圆弧”命令捕捉中间的水平线与左右两边的交点及上边中点，绘制一条长圆弧，如图 5-36 所示。捕捉下面两条水平线与左侧的端点，绘制一条短圆弧如图 5-37 所示。

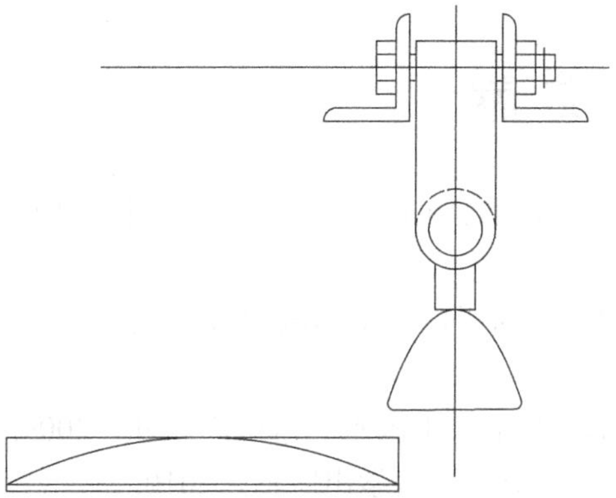

图 5-36　绘制长圆弧

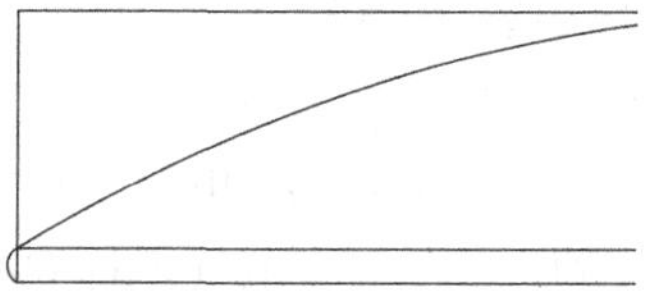

图 5-37　绘制短圆弧

(6) 使用“镜像”命令将短圆弧复制到右侧，删除并修剪多余的线条，得到绝缘子下部图形，将其移动到中心轴线，与绝缘子顶部图形相连接，如图 5-38 所示。

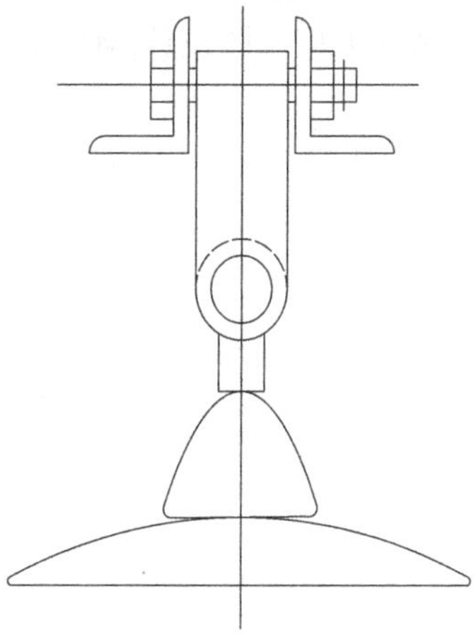

图 5-38　完成图

(7) 使用“画圆”命令和“修剪”命令绘制绝缘子的下部连接球头，完成绝缘子串上部图形的绘制。

小结

本节通过对绝缘子示意图的绘制，熟悉“绘图”命令中的“直线”“椭圆”“矩形”“圆弧”命令和“修改”命令中“修剪”“移动”“偏移”“分解”“延伸”“倒圆角”命令的使用。

参 考 文 献

[1] 梁琼，严明喜，展庆召. AutoCAD 计算机辅助设计基础[M]. 北京：中国水利水电出版社，2016.

[2] 张六成. 计算机辅助设计：AutoCAD 2010 基础与项目案例教程[M]. 北京：中国水利水电出版社，2010.

[3] 刘国亭，刘增良. 电气工程 CAD[M]. 2 版. 北京：中国水利水电出版社，2009.

[4] 李莉，施喜平. 电气工程 CAD[M]. 武汉：华中科技大学出版社，2010.

[5] 杨中瑞，叶德云. 电气工程 CAD[M]. 北京：中国水利水电出版社，2004.

[6] 尧有平，李晓华. 电力系统工程 CAD 设计与实训[M]. 北京：北京理工大学出版社，2008.

[7] 陈冠婷. 电气 CAD 基础教程[M]. 北京：清华大学出版社，2011.

[8] 姚小春，魏立明. 建筑电气 CAD 工程制图设计[M]. 北京：北京理工大学出版社，2015.